探索未知　改变世界

科学大爆炸

遍布世界的网

蜘　蛛

U0157283

探索未知 改变世界

科学大爆炸

遍布世界的网

蜘 蛛

[美]泰特·霍华德 文图

张 雪 译

贵州出版集团 贵州人民出版社

本书插图系原文插图

SCIENCE COMICS: SPIDERS: Worldwide Webs by Tait Howard
Copyright © 2021 by Tait Howard
Published by arrangement with First Second, an imprint of Roaring Brook Press, a division of Holtzbrinck Publishing
Holdings Limited Partnership
All rights reserved.
Simplified Chinese edition copyright © 2023 by Beijing Dandelion Children's Book House Co., Ltd.

版权合同登记号 图字：22-2022-041

审图号　GS京（2023）0255号

图书在版编目（ＣＩＰ）数据

遍布世界的网 ： 蜘蛛 ／（美）泰特·霍华德文图 ；
张雪译. -- 贵阳 ： 贵州人民出版社，2023.5（2024.4 重印）
（科学大爆炸）
ISBN 978-7-221-17562-5

Ⅰ．①遍… Ⅱ．①泰… ②张… Ⅲ．①蜘蛛目—少儿
读物 Ⅳ．①Q959.226-49

中国版本图书馆CIP数据核字（2022）第252640号

KEXUE DA BAOZHA
BIANBU SHIJIE DE WANG：ZHIZHU
科学大爆炸
遍布世界的网：蜘蛛
［美］泰特·霍华德　文图　张　雪　译

出 版 人　朱文迅　策　　划　蒲公英童书馆
责任编辑　颜小鹂　执行编辑　朱春艳　装帧设计　王学元　曾　念　责任印制　郑海鸥

出版发行　贵州出版集团　贵州人民出版社
地　　址　贵阳市观山湖区中天会展城会展东路SOHO公寓A座（010-85805785　编辑部）
印　　刷　北京博海升彩色印刷有限公司（010-60594509）
版　　次　2023年5月第1版
印　　次　2024年4月第2次印刷
开　　本　700毫米×980毫米　1/16
印　　张　8
字　　数　50千字
书　　号　ISBN 978-7-221-17562-5
定　　价　39.80元

前 言

　　有人对蜘蛛充满恐惧，有人对蜘蛛非常着迷。你可以在一个坐满朋友的屋子里大喊"蜘蛛"，看看他们会有什么反应。或许有些朋友会吓得尖叫，有些朋友会问："在哪里？快让我看看！"

　　我读大学时，曾经与专家们一起研究一些树，这些树生长在悬崖峭壁上，盘根错节。悬吊在攀岩绳上时，我注意到一些蜘蛛在悬崖的角落和缝隙中过着美好的生活。它们在岩石之间织起了网，捕捉苍蝇和其他飞来飞去的昆虫。从那天起，我发现到处都有蜘蛛，我敢肯定你也注意到了！这种长着8条腿的朋友是地球上最常见的小动物之一。它们可以在森林里生活，也栖息于被冲上岸的海草中；它们可以在小池塘里捕鱼，甚至可以在珠穆朗玛峰的山坡上生存。我对北极的蜘蛛做过一些研究，在北极地区的夏季，每走一步都能发现狼蛛！事实上，蛛形学家（研究蜘蛛及其近亲的专家）最近发现，几乎每个人的家里都有蜘蛛。它们也许住在黑暗的储藏室里，也许就在浴室的地板上乱窜。我自己也估算过，在大多数生境中，一米之内一定有蜘蛛。但是不要害怕！很少有蜘蛛能真正伤害我们。它们的毒液最适合捕捉较小的猎物，通常是昆虫。在一些农田里，蜘蛛会吃掉很多害虫，这有助于庄稼的生长。它们也吃一些可能伤害或困扰我们的昆虫，比如蚊子。有些蜘蛛还会占领其他蜘蛛的网，吃掉网的主人。

　　蜘蛛是结网高手，但跟蜘蛛侠不一样（蜘蛛侠使用的是连接在手腕上的高科技蛛丝喷射器），蜘蛛是从身体后端专门的器官中喷射出蛛丝。它们会用蛛丝捕捉猎物，也会用蛛丝包裹自己的卵，或者在人类卧室的角落里乃至悬崖峭壁上织网。有些蜘蛛可以用一根蛛丝（末端有一滴黏液）抓住飞蛾。蜘蛛还可以利用蛛丝飞到空中——它们会向上释放蛛丝，小小的身体可以被带上天，飞到数千米高的空中，最后降落在孤岛上，也许就在太平洋的中间。尽管几个世纪以前我们就知道蜘蛛的这种行为，但科学家们现在才开始了解蜘蛛是如何"飞航"的（剧透一下，这与电场有关）。也有些蜘蛛不使用蛛丝就能捕猎，比如花皮蛛，它们会向猎物喷射一种胶水似的东西。

尽管蜘蛛的很多行为特别酷，但有些人仍然害怕蜘蛛，一些人甚至患有"蜘蛛恐惧症"，见到或接触蜘蛛会感到恐惧。专家认为，这种恐惧可能源于我们小时候听到过的关于蜘蛛的可怕故事，这种故事一直伴随着我们。在世界上的一些地方，有几种蜘蛛可能会咬人，被咬后需要就医，蜘蛛恐惧症可能是植根于这种罕见状况的适应性进化。不过也有好消息，多了解蜘蛛可以在一定程度上减轻你的恐惧，甚至让你喜欢上它们，你即将阅读的这本书将使你充满敬畏和好奇。你将认识世界各地发现的不同种类的蜘蛛，你将与彼得和夏洛特一起踏上探索之旅，了解蛛丝是如何产生的，蜘蛛是如何"飞航"的，还有蜘蛛照顾孩子的奇特方式。

准备好，来听听我们讲的蜘蛛的故事吧！如果你有点担心，请深呼吸，敞开心扉，准备好了解这个星球上最不可思议的生物。下次你去公园游玩，在一些岩石上爬来爬去，或者等公交车的时候，请你保持警觉：附近总会有8条腿的朋友，也许它正准备在天空中飞行或捕捉一两只害虫。

——克里斯多夫·巴德勒

蛛形学家

加拿大蒙特利尔麦吉尔大学教授

打扰啦！我接到学校的电话，不得不进来找你们帮个忙。你们能不能去地下室帮我找两箱实验室的玻璃器皿？我明天上课要用。

咔嗒！

呼！呼！

放心吧，妈妈！我们现在就去拿。对吧，彼得？

啊？我们要去干什么？

去楼下一趟。

夏洛特，不许欺负你弟弟！我今天会晚点回来，你们先从冰箱里找点吃的！

等一下！不！不！我不去！

夏洛特，停下！求求你啦，不要带我去那里！

来吧！这对你有好处，几只小蜘蛛而已，不会伤害你的！

什么？！它们当然会！你不记得去年夏令营发生了什么吗？

我记得辅导员早上5点叫醒我，说是一只蜘蛛爬到你的睡袋上，吓得你从床上掉了下来。

它直奔我的脸而来，我不得不躲闪！

小心！它们可能藏在任何地方。

蜘蛛到底有什么可怕的？那只是一部糟糕的电影，实际上它们并不吃人！

这里的垃圾太多了……来吧，如果没有你的帮助，我得收拾一整天。

你说得对，但它们有毒啊！

它们没有毒！

它们有毒！

我们本身无毒。

救命！

哗！

昂贵
玻璃器皿

天哪！
你还好吗？

哎哟，好疼！

你在我家地下室
做什么？

我们也得找个
地方住！地球上几乎
每个人类家庭中都生
活着数百只蜘蛛。

数百只？

当然，这与时节和房子的
大小有关！有些蜘蛛，比如我，一
年到头都住在这里，因为我们喜欢
在阁楼、地下室和其他安静干燥的
地方织网，但是——

哦，天哪，很抱歉！
我光顾着说话了，忘了自我介
绍！我是温室拟肥腹蛛（Para-
steatoda tepidariorum），
你们可以叫我小温！

这个名字
好奇怪。

彼得，不要因为它
不是人类就这么无礼！
那是它的学名！

没错！双名法是
国际上通用的物种命名
法，通常使用拉丁文或
拉丁化的单词！

从语言开始形成起，人类就在对其他生物进行分类。知道什么样的植物可以吃，什么样的动物可能会伤害你们，这一直都很重要！

不过，现代科学体系是根据生物的形态结构和生理功能等特征来对它们进行分类，这叫作分类学。下面就是我在分类系统中的位置。

界：动物界

地球上所有的动物都属于这个类别！大多数动物吸收氧气，消耗有机物，可以自由运动。

门：节肢动物门

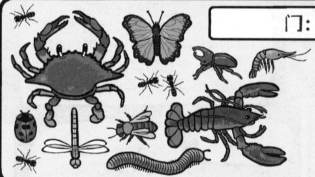

昆虫、蛛形动物和甲壳动物都属于节肢动物。节肢动物是无脊椎动物，具有外骨骼（有支撑身体和保护内部器官的作用），身体分节，每个体节上有一对附肢。

纲：蛛形纲

所有的蛛形纲动物都有8条腿，很容易与只有6条腿的昆虫区分开来。除了蜘蛛，蛛形纲动物还包括：

蝎

蜱　　　　螨　　　　盲蛛　　　避日蛛
（它们实际上不是蜘蛛！）

目：蜘蛛目

蜘蛛目是蛛形纲下最大的一个目，它们的种类很多。除南极洲之外的所有大陆都能见到蜘蛛的身影；除了天空和开阔海域，其他环境中都有蜘蛛在生存和繁衍。

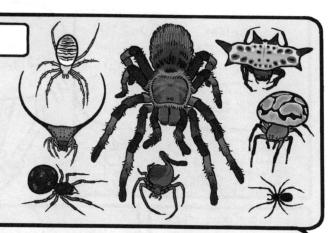

科：球蛛科

也称球腹蛛科。尽管其他拟肥腹蛛属成员大多生活在亚洲，但在欧洲和美洲有很多球蛛科的其他成员！事实上，如果你住在北美洲，你最有可能遇到的就是这个科的蜘蛛！

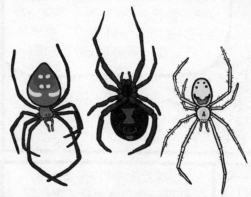

属：拟肥腹蛛属

包含40多个不同的物种，主要是旧大陆的蜘蛛，也就是那些起源于欧洲、亚洲和非洲的蜘蛛，而新大陆蜘蛛主要起源于北美洲或南美洲。

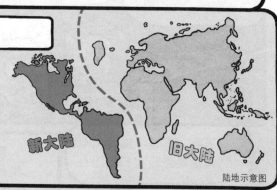

陆地示意图

种：温室拟肥腹蛛

这就是我！生活在北美洲的人在家中最有可能遇到的物种。如果你在你家的阁楼或地下室看到蜘蛛网，那很有可能就是我们结的！

雌性

雄性

那么"spider"（蜘蛛）这个词是从哪里来的？你又是如何知道怎么结网的？还有，蛛丝是由什么构成的？有多少种蜘蛛？你怎么会对蜘蛛这么了解？

我毕生致力于对知识的追求！我碰巧是有史以来第一个蜘蛛生物学家！

不，你不是……我们称研究蜘蛛及其近亲的人为蛛形学家，他们已经存在一段时间了。

好吧，那我就是第一只成为生物学家的蜘蛛！"spider"一词来自原始日耳曼语的"spinþrô"，意思是"纺织者"。等等！我有个主意！

你们两个想知道更多关于蜘蛛的知识吗？

想！

不想！

如果我教你们关于蜘蛛的知识，你们两个是不是可以帮我做点事情？

等等，这是个骗局！它肯定是想吸我们的血！

嘘！我们能帮什么忙？

我的孩子不见了！今天吃早餐前，我一直都在我的网上，但是当我回到实验室时，发现它不见了！其他的孩子很久以前就离开了我，只有可爱的麦克斯留下来帮我做研究。

呜呜！

呜呜！

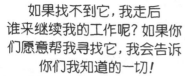

如果找不到它，我走后谁来继续我的工作呢？如果你们愿意帮我寻找它，我会告诉你们我知道的一切！

不，我们没有时间去……

我们当然会帮忙！先上阁楼吧，我在那里见过一群你的朋友。

不，等一下，我有一个更好的主意。

嗯……我……放哪儿了呢？

这里！

庞然大物收缩射线

危险！

那就是收缩射线枪吗？你是怎么把它缩小的？

用那边那个，现在站好，别动。

等等，你是怎么把那个缩小的？

天哪，我的骨骼！

嗞！嗞！嗞！

科学垃圾

啊啊啊……

你还好吗？

刚刚发生了什么？

啊！我不知道这个会对活体组织起作用！

去我的实验室吧，稍后我把你们介绍给住在那里的一些蜘蛛！

好啊，认识一群蜘蛛，帮助我消除对蜘蛛的恐惧。

咯吱！

这真的可以！蜘蛛恐惧症是地球上最常见的恐惧症之一。人们害怕蜘蛛的原因有很多，但了解它们，观看它们的照片，或者在一个安全可控的环境中和活的蜘蛛面对面，可以帮助一些人克服这种恐惧！

蜘蛛恐惧症如此普遍的原因尚不清楚！可能是蜘蛛的祖先对人类的祖先构成了威胁，使得人类祖先形成了这种恐惧，所以你也有这种类似恐高症的本能性恐惧。

但是，这种普遍的恐惧也很可能是由社会状况造成的！有的人是因为看到其他人对蜘蛛的恐惧所以害怕，也有的人是因为看到媒体上被描绘成怪物的蜘蛛而感到恐惧！

美国俄亥俄州立大学的一项研究表明，当看到一只活蜘蛛时，害怕蜘蛛的人比不害怕蜘蛛的人更容易高估它的大小。

现代医学也对蜘蛛有偏见！有近40种疾病，包括皮肤癌和几种致命的皮肤感染，经常被医生误诊为棕隐平甲蛛咬伤。

黑寡妇蜘蛛因为其致命性闻名世界，但2016年美国报告的2246起黑寡妇咬伤事件并没有造成死亡。

事实是，在已知的40 000多种蜘蛛中，只有200种左右会对人类造成严重伤害。

有些蜘蛛领域意识非常强，但是它们只在受到威胁的时候才会咬人，它们防御性的攻击不会每次都注入全剂量的毒液，甚至有时完全没有毒液。

禁止进入

被蜘蛛咬伤可能会很痛苦，但蜘蛛的螯牙通常是用来咬昆虫的！

对于小蜘蛛来说，它们咬人的皮肤就像你试图啃墙壁！一些较大的蜘蛛，比如捕鸟蛛，被它们咬到会更疼，但捕鸟蛛的毒液对人类来说其实并不危险！

咯咯！
咯咯！
咯咯！

啊，太硬了！

为什么有些蜘蛛分泌的毒液毒性更强？

不同种类的蜘蛛分泌的毒液毒性不同，对其他动物的影响也不同。我们通常会进化出适合目标猎物的毒液。大多数蜘蛛只吃昆虫和其他蜘蛛，但较大的蜘蛛可以捕食更大的动物！

蜘蛛食谱

昆虫　　　　　　　　蜘蛛

啮齿动物　　蜥蜴　　　蛙

小型鸟类　　　　　鱼

蜘蛛号

等等，蜘蛛会钓鱼？

是的，有些会！我会把它们介绍给你们认识的，现在我们先认识一下跟你同住的蜘蛛。

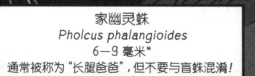

家幽灵蛛
Pholcus phalangioides
6—9 毫米*
通常被称为"长腿爸爸"，但不要与盲蛛混淆！

听说它们是地球上最毒的蜘蛛，但它们的螯牙还不足以刺穿人类的皮肤，对吗？

不，跟差不多大小的蜘蛛比，它们分泌的毒液毒性并没有强多少。

双带扁蝇虎
Menemerus bivittatus
7—10毫米
这些蜘蛛在建筑物中很常见，它们对人类特别有帮助，因为它们主要捕食蚊子、苍蝇和其他害虫！

嗡!

巨奥利蛛
Olios giganteus
雌性19—21毫米，雄性10—17毫米
它们可以长得比其他一些生活在住宅中的蜘蛛更大。它们行动敏捷，看起来可能很有攻击性，其实被它们咬伤对人类并没有危险。

*这些标签上的尺寸不包括腿，如果算上伸出的腿，最长可以达到现有尺寸的5倍!

红斑寇蛛
Latrodectus mactans
雌性8—13毫米
雄性3—6毫米
俗称"黑寡妇"。这种蜘蛛由于其分泌的毒液含有剧毒而臭名昭著，但它们很少离开自己的网，也不喜欢咬人。雌蛛腹部下方有一个沙漏状的斑记，有时斑记中间是断开的。

14

嘿，嘀咕什么呢？你们这些失败者还有自己的"纺线"小圈子呢？

嗡嗡嗡 嗡嗡嗡嗡嗡

屁股碰到网了。啊！救命！

说午餐，午餐就来了！

嘿！不！离我远点！

黑寡妇和许多结网型蜘蛛一样，捕猎时会用它们的前腿快速转动猎物，同时用后腿拉动蛛丝，将猎物用厚厚的蛛丝包裹住，这样能更快制伏猎物！

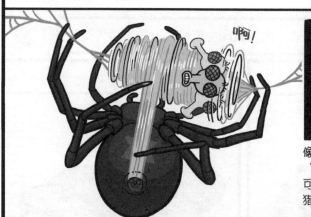

啊！

像黑寡妇这样的球蛛科蜘蛛的后"脚"上有一排特殊的锯齿状毛，可以帮助它们快速地用蛛丝缠绕住猎物。

对于更危险的猎物，比如胡蜂或蟋蟀，包裹过程只需要一两秒，因为蜘蛛会尽量避免被咬伤或蜇伤！当蛛网上同时有多个猎物时，这种速度也会派上用场！

我动不了啦！

蜘蛛头胸部第一对附肢叫作螯肢，螯牙是螯肢的一部分，蜘蛛用螯牙咬猎物。

螯牙是铰接式的，通常像折叠刀的刀片一样，放在螯肢的小凹槽中。

螯牙边缘呈锯齿状，用来切断蛛丝或捣碎食物。

注射毒液的开口靠近螯牙末端，这可以防止堵塞，同时避免刺入过深而受损。

根据螯肢的运动方式，大多数现生蜘蛛可以分为两大类。

新蛛下目

– 包含93%—94%的现生蜘蛛。
– 通常体形较小。
– 寿命较短，一般存活1—3年。
– 螯肢可以左右活动。

原蛛下目

– 通常体形较大，比如捕鸟蛛。
– 寿命可达25年。
– 螯肢可以上下活动。

有记录以来寿命最长的蜘蛛是生活在澳大利亚的一只陷阱门蜘蛛，它活到了43岁！

嘟嘟！

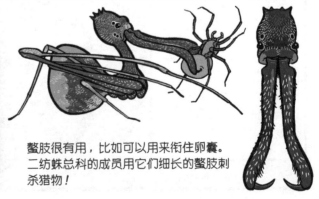

螯肢很有用，比如可以用来衔住卵囊。二纺蛛总科的成员用它们细长的螯肢刺杀猎物！

螯肢里有毒腺，毒腺通常向后延伸到头胸部。毒腺周围强有力的肌肉收缩时，毒液就会被挤出来。

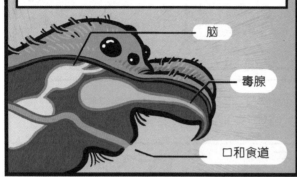

脑

毒腺

口和食道

呃……

毒液一旦被注入，很快就可以起作用。

蜘蛛分泌的毒液可能含有神经毒素，会影响猎物的中枢神经系统。根据毒液种类的不同和剂量的大小，会导致猎物无法动弹或死亡。

它们还可能含有细胞毒素，可以分解猎物的内部组织和器官，使其更容易被消化。

蜘蛛用特殊的吸胃将液化的内脏从昆虫体内吸出，同时用口周围的刚毛过滤掉太大而无法吞咽的东西。

真好吃!

成年蜘蛛的消化系统允许它们长时间不进食。一只黑寡妇蜘蛛可以几个月不进食，只要有水就行!

咕咚!

虫汁

我们也会从食物中获得大量的水!

蜘蛛把猎物包裹起来是为了防止注入毒液的时候被猎物攻击?

是的!有些蜘蛛在包裹前会先咬猎物,这取决于蜘蛛的种类、猎物的类型和当时的情形。对于小型猎物,可能只需要几根蛛丝就可以把它困住。

触肢是蜘蛛前端较小的附肢,它们功能广泛,可以用来捕捉和控制猎物、挖洞、携带卵囊等。它们在交配中也起着重要作用,还可以帮助人们区分雄蛛和雌蛛。

好吃!
好吃!
好吃!

不使用蛛网捕猎的蜘蛛也会产丝吗?

所有蜘蛛都会产丝,只是有的蜘蛛使用蛛丝的方式与众不同!我们去花园里逛逛吧,我给你们介绍一些生活在那里的蜘蛛,关于蛛丝它们无所不知。

蛛丝有什么特别之处?难道没有其他能产丝的虫子吗?

蝴蝶、蛾、蜜蜂、甲虫、跳蚤、螨虫、蟋蟀和一些蚂蚁也会产丝，但通常只在它们的幼虫期产丝。

蜘蛛可以纺出8种不同类型的蛛丝，大多数由它们腹部的纺器来完成。

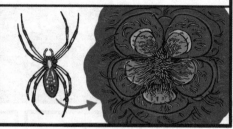

蚕是世界上第一大茧丝"生产商"，它们的丝与蛛丝非常相似，但是它们可以一次吐出大量的丝结成茧，蚕茧用热水煮过后可以抽离出蚕丝。

蛛丝有几个优点！

它的黏性和弹性可以使伤口愈合得更好。

蛛丝非常强韧，可以用来制作人造肌肉！

蛛丝已经应用于汽车安全气囊和防弹衣，以提高它们的有效性。

然而，现有的提取蛛丝的方法效率很低！用蛛丝制作一块明信片大小的织物，需要大约100万只蜘蛛和一个70人的团队花费两年的时间。

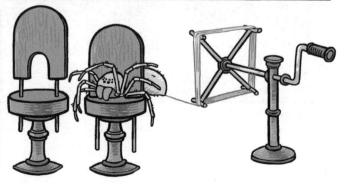

蚕主要吃桑叶，所以把很多蚕放在一起养殖没有什么问题，但是蜘蛛……

它们会吃其他蜘蛛！想通过大量养殖蜘蛛获取蛛丝是极其困难的。

嘿，住手！

咯吱！

美国怀俄明大学的研究人员曾试图用一大群蜘蛛生产蛛丝进行研究，但领域性很强的蜘蛛会杀死或吃掉同类。

不过他们后来发现这个问题很容易解决——

利用山羊！

嚓！嚓！嚓！

啊？山羊？

是的，就是山羊！

基因改造是一个改变动植物遗传性状的过程，这已经有一万多年的历史。基因改造最基本的形式是人工选择——挑选出更优良的个体，用来培育继承了更优良性状的后代！

在种植可食用的植物时，只挑选那些抗旱、抗涝、更美味、更好看的种子，随着时间的推移，植物的性状就得到了改良。

现代的猫和狗也是数百年来人工选择的产物！

今天，我们有了更精确的方法对生物体进行基因改造！通过转染（转移+感染），可以将外源DNA插入细胞核！转染的方法有以下几种：

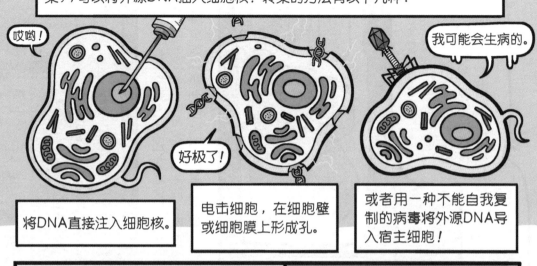

哎哟！

好极了！

我可能会生病的。

将DNA直接注入细胞核。

电击细胞，在细胞壁或细胞膜上形成孔。

或者用一种不能自我复制的病毒将外源DNA导入宿主细胞！

有了这些乃至更多的方法，对于种系、细胞谱系和DNA，我们就可以做一些相当惊人的尝试。

这正是研究人员想在较短的时间内生产大量蛛丝所需要的技术！

等等，我认为他们还需要——

山羊？技术和山羊他们都需要！通过将络新妇蛛的一些产丝基因导入山羊胚胎，他们可以创造出外形和行为与普通山羊相似，但是产的羊奶中含有蛛丝蛋白的山羊。

蛛丝羊奶

蛛丝羊奶

通过从羊奶中分离蛛丝蛋白，我们可以比以往更快、更有效地生产蛛丝！

咩——

嗯……

你的蛛丝一直这么重要吗？

对我们来说当然重要！它对我们的成功进化至关重要！

通过研究化石，我们可以知道蜘蛛何时以及为什么进化出丝，但是完整的蜘蛛化石很罕见，我们已经推断出过长时间的努力，我们推断出了蜘蛛漫长的进化史。

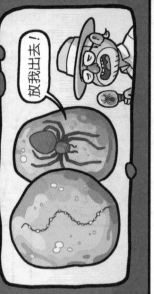

放我出去！

约1.3亿年前：琥珀化石中最古老的蛛丝。这种蛛丝似现生蜘蛛类的蛛丝。植物的树脂滴滴落，石化后会形成琥珀。蜘蛛的化石通常很难研究，因为化石中往往只有碎片，但琥珀化石可以完全包裹住生物并使其脱水，从而保存整个标本及其DNA。

2.25亿年前：最古老的新蛛下目蜘蛛化石。这些蜘蛛是最早能够产大壶状腺丝（牵引丝）的蜘蛛，这种丝非常结实，能够承受蜘蛛及其大壶状腺丝的重量，新蛛下目蜘蛛用这种丝织出了第一批蛛网。

2.4亿年前：最古老的原蛛下目蜘蛛化石。这一下目初期的蜘蛛与现生捕鸟蛛相似。当时的植物非常丰富，这既让它们免受烈日的伤害，也吸引了更多的猎物来到它们的洞穴外，因此它们开始在洞穴外结网。

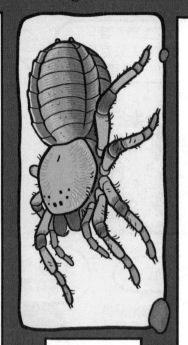

2.9亿年前：最古老的真正蜘蛛的化石。原蛛下目和新蛛下目蜘蛛的数量几乎占到现存所有蜘蛛的99.9%，但第二个类群中纺亚目是这些最早的真正蛛的蜘蛛的近亲。这些蜘蛛腹部有2个或4个纺器，它们用蛛丝装饰自己的洞穴，这既加固了洞穴，又能调节洞穴内的温度。

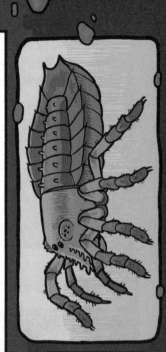

3.81亿年前：最古老的毒首蛛属化石。须爪毒首蛛是蜘蛛最古老的亲戚之一。分类学家通过研究生物之间的进化关系将生物进行分类，他们最初将其初将具初将归类为有史以来最古老的蜘蛛，但后来发现它的丝腺并不是真正的纺器。

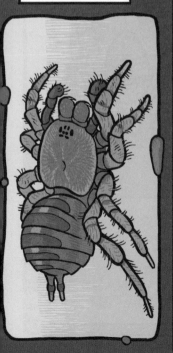

3.05亿年前：最古老的父蛛属化石。布氏父蛛是以古希腊神话中阿拉克涅的父亲命名的。这些像蜘蛛的节肢动物的腹部是分节的，并且没有纺纺器，但很容易看出它们腹部分节的背面是如何最终变成现在蜘蛛光滑的背面的！

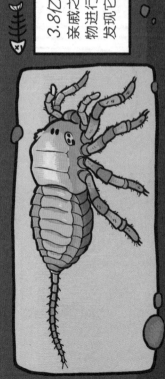

4.19亿年前：最古老的角怖蛛化石。尽管它们和现生蜘蛛的关系比和蜘蛛更密切，但这些早期的蛛形纲动物具备现生蜘蛛的一些显著特征，比如，它们有8条腿，有一对触肢，身体分成两部分，有折叠刀式的螯肢，不过它们没有毒腺。

三带金蛛
Argiope trifasciata
雌性15—25毫米
雄性4—6毫米
三带金蛛喜欢待在长满草和灌木的地方，夏季昆虫较多的时候，它们特别活跃。

嘿，三带，
你看见麦克斯了吗？

抱歉，我没碰见它。
这两个人是谁呀？

我们是帮它找孩
子的，你好呀！

好吧，虽然你没
看见麦克斯，但也许
你仍然能帮我们！

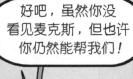

这两个人不光是
帮我找孩子，我还要用
知识回报他们，你可以
和他们分享一些织网
的技巧吗？

哦，我非常乐意！

小温是不是已经
告诉过你们关于纺器
的知识了？

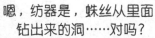

嗯，纺器是，蛛丝从里面
钻出来的洞……对吗？

什么？！你怎么能这样？
你都教这些孩子什么了？！

冷静点，
我快要讲到这里了！
纺器就是……

不！这太
重要了！任何细节
都不能放过！亲爱
的，我要从这里开
始教他们！

纺器由多个丝腺和纺管组成。蜘蛛丝腺的种类总数多达7种，不同的丝腺产生不同类型的丝。下面是一只雌性络新妇蛛的纺器和7种丝腺。

大壶状腺＆小壶状腺
大壶状腺丝是构筑大多数蛛网的基础，它也被用作牵引丝，许多蜘蛛走到哪儿都会拖着一根牵引丝，这可以防止它们直接坠落地面，或者帮助它们返回原处。小壶状腺丝用来辅助构建蛛网。

梨状腺
这种腺体产生微小的黏性丝盘，用来将蛛网的丝黏合在一起以提高稳定性。它们接触空气后会变硬，还能粘在各种各样的材料上。这些丝盘还可用作牵引丝的固定点！

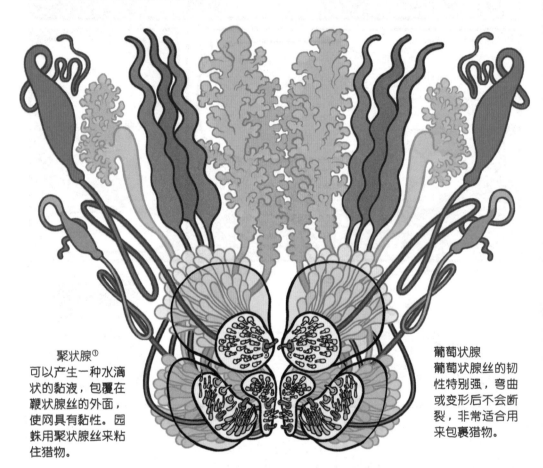

聚状腺[①]
可以产生一种水滴状的黏液，包覆在鞭状腺丝的外面，使网具有黏性。园蛛用聚状腺丝来粘住猎物。

葡萄状腺
葡萄状腺丝的韧性特别强，弯曲或变形后不会断裂，非常适合用来包裹猎物。

鞭状腺[②]
鞭状腺丝具有极强的延展性，捕猎用的螺旋丝就是由它构成的。当猎物撞到网上时，这种丝可以拉扯得很长，使黏液充分地粘住猎物。

管状腺
大多数现生雌性蜘蛛用管状腺丝制作卵囊，这是硬度最高的一种蛛丝，可以承受很大的压力，保护里面的卵。

[①][②] 只有园蛛科蜘蛛才有这两种丝腺！

不管哪一种蛛丝，它们在我们的身体里形成的时候都是胶状的液体！这种液态丝经由形状特殊的丝腺和纺器加工后，变成了固态的丝。

蛛丝的主要成分是蛋白质，这些蛋白质由长链氨基酸组成。在高倍显微镜下，它们看起来像一堆小弹簧！

液体蛋白质储存在丝腺中，需要的时候，就通过细小且有急转弯的纺管把它们快速喷出来，奇迹就这样发生了。

喷出体外的长丝和液态丝相比已经失去部分水分，通过轻轻的挤压，蛋白质变成了长长的纤维。蛋白质的这种重新排列使蛛丝具有强度和韧性。

每个纺管都有控制肌，可以调节丝腺的出丝量，或夹紧丝以防止我们掉落。

丝纤维

控制肌

液态丝

纺器上有许多纺管，这些纺管会引出细小的丝，不同纺管的丝融合在一起，蜘蛛本身的重量或脚拉动的动作会将液态丝挤压成一条固态的丝。

大多数蜘蛛的腹部末端有6个纺器，分成3排，每排2个。

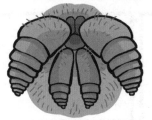

中纺亚目

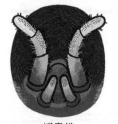

捕鸟蛛

络新妇蛛

上面这些蜘蛛有2—8个纺器！园蛛往往拥有更多，因为它们生产的蛛丝种类更多。

纺器本身也可以活动！每个纺器周围都有肌肉，使其能够与其他纺器同时活动或独立活动，这样蜘蛛纺丝的时候可以控制得更好。

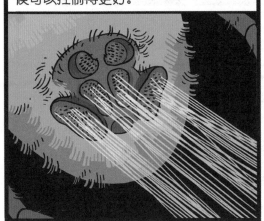

节板蛛科是中纺亚目仅存的一个科，它们的纺器与其远古近亲相同，位于腹部下方，主要用来在洞穴里做衬壁。

谁会想到你们那巨大的屁股里发生了这么多事情！

你太粗鲁了！

等等，你说有8种蛛丝，但你只告诉了我们7种！

哈哈，你真细心，我可以回答这个问题！

筛器类蜘蛛有一个特殊的器官，在它们纺器的前方，叫作筛器。筛器由一个或多个有很多纺孔的板状结构组成。

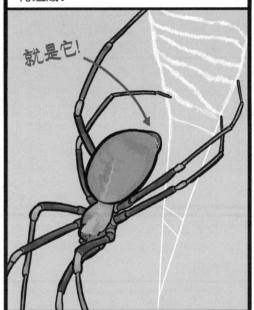

就是它！

纺孔可以产出细丝，这些细丝由它们第四步足上的栉器梳理而成，栉器是一种特殊的梳子状结构，梳理出的像羊毛一样的丝黏性很强，不会变干。

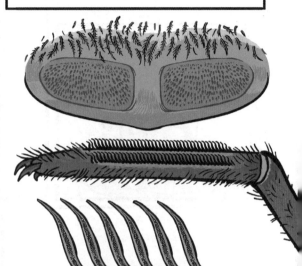

糟了，糟了！我忘了一件事！我不可能记住地球上每只蜘蛛的每个细节，但我可以告诉你们自然界最惊人的作品圆网（orb web）是怎么织的！

它们为什么这么叫？

因为"orb"这个词过去也指"环"或"圆"，圆网这个词已经沿用了很长时间！

到达足够高的地方后，蜘蛛会先释放出一束丝，让它随风飘动。

①

一般来说，蜘蛛需要多次尝试才能找到合适的位置，一旦蛛丝的另一端连接到合适的固定点，就可以开始了！第一股丝叫作桥，也可以从开始的位置爬到另一个地方搭桥。

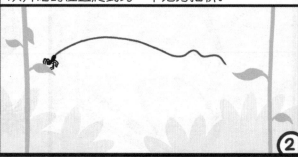

②

连接几个固定点，然后在这个形状里面织一些小的框架丝，形成的结构是辐射丝的框架。

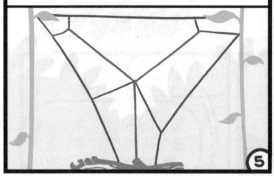

⑤

蜘蛛在网的外部和中心之间来来回回，织出辐射丝——一种有黏性的支撑结构。

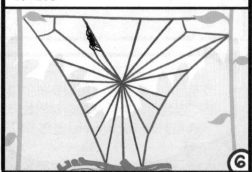

⑥

用来捕食的螺旋丝比较密集，可以捕捉快速移动的猎物。

⑨

在织捕食螺旋丝时，蜘蛛会吃掉临时性的螺旋丝，吃掉的旧丝会回到丝腺内被重复利用。

⑩

黏液滴均匀地涂在捕食螺旋丝上。

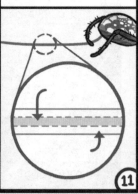

⑪

一张圆网?

蜘蛛用一根较松的线折回,然后从中间把桥咬断。

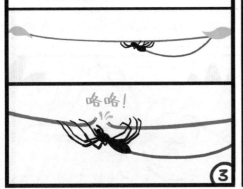

3

蜘蛛从中间垂下,将较松的线固定在地面上,形成一个"Y"字形,网的基础框架就搭好了。

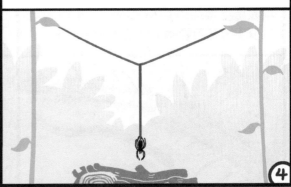

4

蛛网上的第一圈螺旋丝是小壶状腺分泌的,暂时用来稳定蛛网。

7

包裹着黏液滴的鞭状腺丝形成了粘住猎物的捕食螺旋丝。

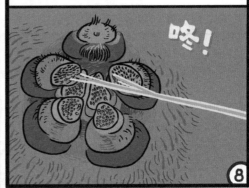

咚!

8

因此,在每一节结束时,蜘蛛都会轻拍蛛丝,将黏液滴分散成更小的液滴,这些液滴有助于更快地粘住猎物。

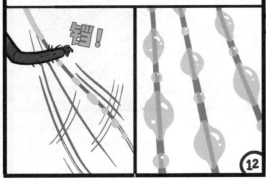

12

圆网搭建完成!园蛛通常头朝下挂在网的中心,利用振动来判断是否有猎物落网。

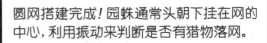

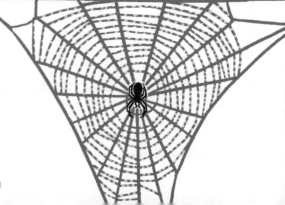

那么，你们怎么避免被自己的网粘住呢？

我们自然有办法！

蜘蛛腿上覆盖着细小的刚毛，这些刚毛减少了蜘蛛与蛛网上黏液的接触面积。

蜘蛛会小心地活动，以防蛛网反弹到它们身上，它们也会尽可能在没有黏性的蛛丝上行走。

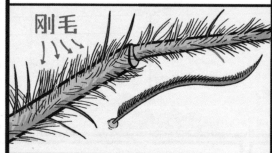

刚毛

一些结网型蜘蛛每条腿上有三个爪：两个梳状的爪在一个钩状的爪的两边，这个钩状的爪通过按压锯齿状粗毛让蛛丝经过钩状的爪。蛛丝被卡在粗毛的凹槽里，这样蜘蛛就可以通过抬起爪来松开蛛丝。

天哪！

铛！

一只蜘蛛沿着一根蛛丝走，一次可能会碰到一两滴黏液，但一只苍蝇碰到一张蛛网，可能会碰到50滴黏液！

反弹！

蜘蛛的腹部会分泌一种特殊的油性物质，使它们能够在自己的网上毫无阻碍地穿行。

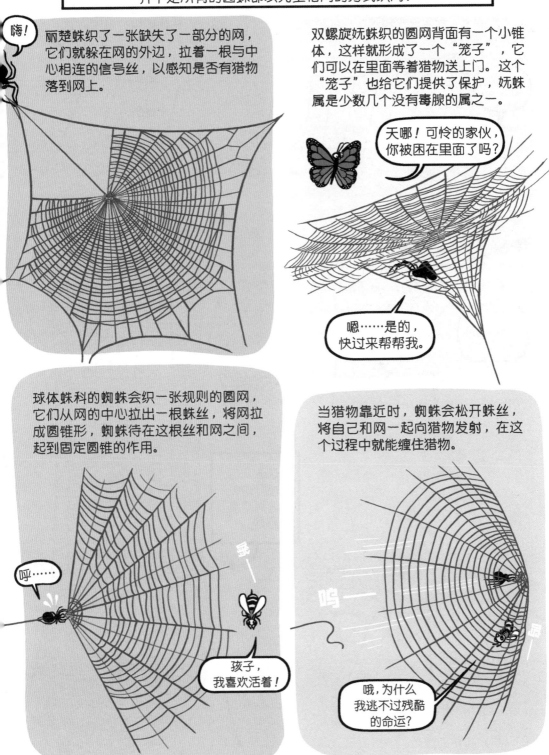

并不是所有的园蛛都以完全相同的方式织网！

嗨！

丽楚蛛织了一张缺失了一部分的网，它们就躲在网的外边，拉着一根与中心相连的信号丝，以感知是否有猎物落到网上。

双螺旋妩蛛织的圆网背面有一个小锥体，这样就形成了一个"笼子"，它们可以在里面等着猎物送上门。这个"笼子"也给它们提供了保护，妩蛛属是少数几个没有毒腺的属之一。

天哪！可怜的家伙，你被困在里面了吗？

嗯……是的，快过来帮帮我。

球体蛛科的蜘蛛会织一张规则的圆网，它们从网的中心拉出一根蛛丝，将网拉成圆锥形，蜘蛛待在这根丝和网之间，起到固定圆锥的作用。

呼……

孩子，我喜欢活着！

当猎物靠近时，蜘蛛会松开蛛丝，将自己和网一起向猎物发射，在这个过程中就能缠住猎物。

哦，为什么我逃不过残酷的命运？

温氏蛛属的蜘蛛会横跨小溪拉一根蛛丝，把一些末端有丝环的黏糊糊的蛛丝悬挂到水面上，利用流水将这些蛛丝拉紧。

它们可能会等待虫子漂过被蛛丝缠住，或者上下拉动蛛丝，以粘住猎物，然后把它拖上来。

这就是我说的钓苍蝇！

哗啦！

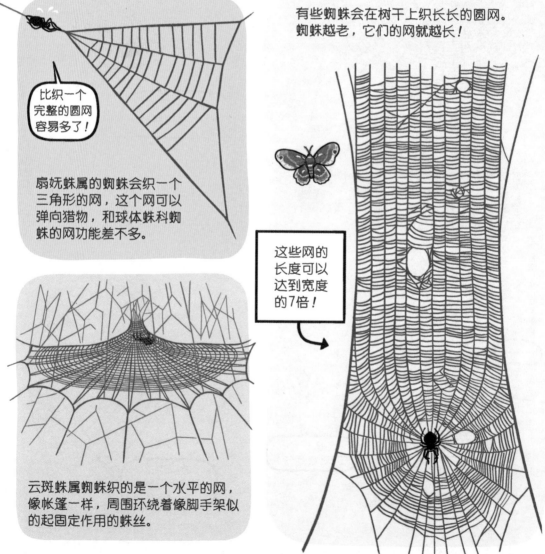

比织一个完整的圆网容易多了！

扇妩蛛属的蜘蛛会织一个三角形的网，这个网可以弹向猎物，和球体蛛科蜘蛛的网功能差不多。

有些蜘蛛会在树干上织长长的圆网。蜘蛛越老，它们的网就越长！

这些网的长度可以达到宽度的7倍！

云斑蛛属蜘蛛织的是一个水平的网，像帐篷一样，周围环绕着像脚手架似的起固定作用的蛛丝。

嗯，看看麦克斯是不是在和蜘蛛女士们逛花园。

啊！低下头，你们这些小丑！

啊啊啊！

这是一种不结网的园蛛——流星锤蛛，它们挥舞着一根蛛丝，丝的末端有一个黏液球。

嗖！嗖！嗖！

啊！

飞蛾路过的时候，扔到飞蛾身上，把飞蛾拉过来。

它们会分泌类似蛾类信息素的化学物质，吸引猎物进入攻击范围！

动作有点像我奶奶跳舞！

咯咯！

嗯……是的。

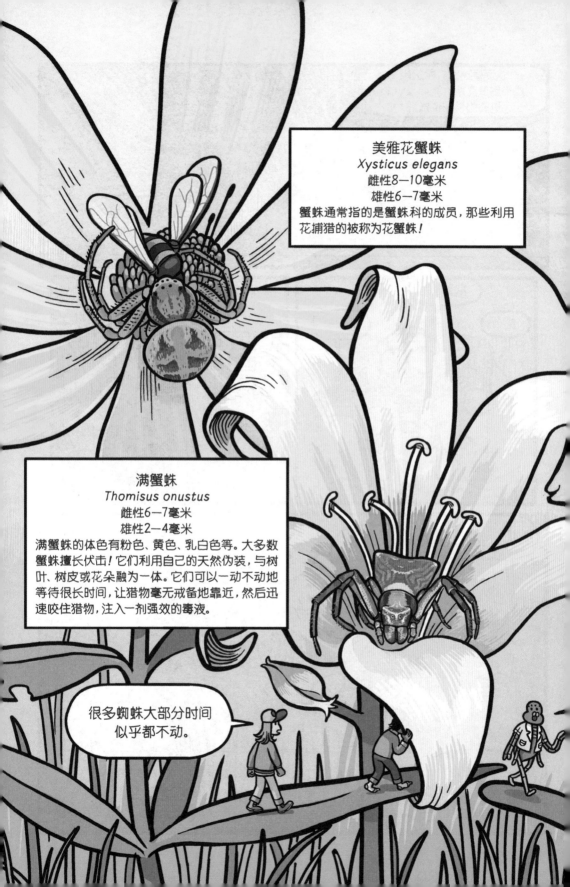

美雅花蟹蛛
Xysticus elegans
雌性8—10毫米
雄性6—7毫米
蟹蛛通常指的是蟹蛛科的成员,那些利用花捕猎的被称为花蟹蛛!

满蟹蛛
Thomisus onustus
雌性6—7毫米
雄性2—4毫米
满蟹蛛的体色有粉色、黄色、乳白色等。大多数蟹蛛擅长伏击!它们利用自己的天然伪装,与树叶、树皮或花朵融为一体。它们可以一动不动地等待很长时间,让猎物毫无戒备地靠近,然后迅速咬住猎物,注入一剂强效的毒液。

很多蜘蛛大部分时间似乎都不动。

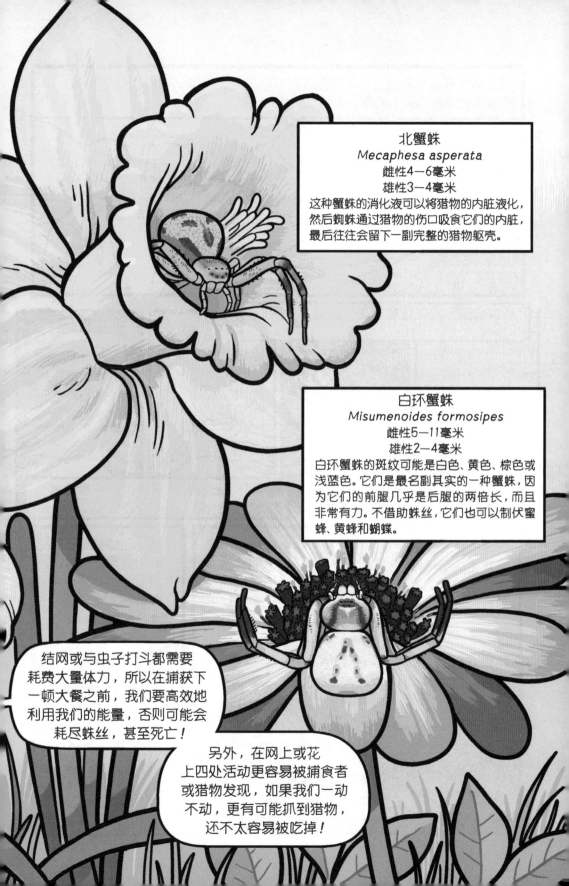

北蟹蛛
Mecaphesa asperata
雌性4—6毫米
雄性3—4毫米
这种蟹蛛的消化液可以将猎物的内脏液化，
然后蜘蛛通过猎物的伤口吸食它们的内脏，
最后往往会留下一副完整的猎物躯壳。

白环蟹蛛
Misumenoides formosipes
雌性5—11毫米
雄性2—4毫米
白环蟹蛛的斑纹可能是白色、黄色、棕色或
浅蓝色。它们是最名副其实的一种蟹蛛，因
为它们的前腿几乎是后腿的两倍长，而且
非常有力。不借助蛛丝，它们也可以制伏蜜
蜂、黄蜂和蝴蝶。

结网或与虫子打斗都需要
耗费大量体力，所以在捕获下
一顿大餐之前，我们要高效地
利用我们的能量，否则可能会
耗尽蛛丝，甚至死亡！

另外，在网上或花
上四处活动更容易被捕食者
或猎物发现，如果我们一动
不动，更有可能抓到猎物，
还不太容易被吃掉！

弓足梢蛛甚至会根据它们所在花朵的颜色改变自己的体色。它们在深浅不一的黄色和白色花朵上捕食，比如雏菊和向日葵。

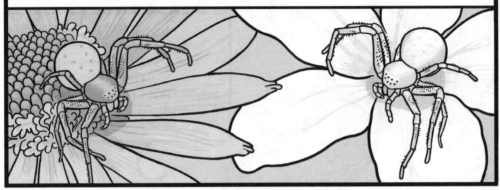

从黄色变为白色可能需要一周到一个月的时间。

快点！

慢慢地，它身体外层细胞的色素会发生变化，以便更好地融入周围环境。

这可能是一种自然保护色，是一种避免被潜在的捕食者或猎物发现的能力。不过，它们改变体色也可能与光照强度有关，是它们对抗紫外线辐射的方式。

哇，这就像是它们在身体需要的时候制造出防晒霜？这样的话，它们整天都在花的顶上晒太阳就说得通了。

嘿，我注意到一件事，似乎大多数种类的蜘蛛雄性都比雌性小得多。这是为什么呢？

大多数蜘蛛表现出两性异形，也就是说，雄性和雌性有不同的身体特征！除了蜘蛛之外，还有很多动物是两性异形！

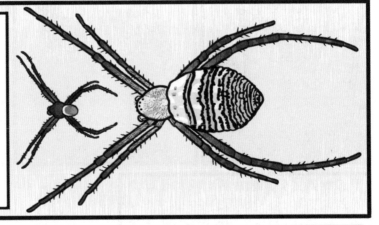

蜘蛛的两性异形中最显著的差异是体形，大多数种类的蜘蛛雌性要比雄性大得多。雌性好胜金蛛的体形可能是雄性好胜金蛛的10倍以上。

颜色和外形也可以用来区分雄性和雌性！

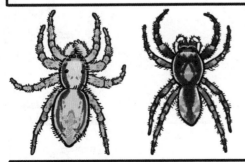

双带扁蝇虎蜘蛛的雄性和雌性体形相当，但背部的花纹不同。

雄性乳头棘蛛的腹部周围没有红色的"尖刺"。

雄蛛也比雌蛛成熟得更快！为了长得更大，幼蛛经常蜕皮。

在旧的外骨骼下面，形成了一副新的外骨骼，新的外骨骼皱巴巴的，更大，也更柔软。

它们把自己倒挂起来，通过挤压让旧的外骨骼破裂。

砰！

然后，它们慢慢地扭动身体从中挣脱，把新的外骨骼舒展开，让其硬化。

哈哈，我换新装了！

雄蛛通常较小，只需要几次蜕皮，它们就可以完全成熟并开始繁殖。最后一次蜕皮后，它们会放弃织网，甚至放弃捕猎，直到找到一只雌蛛交配。

有事外出

雌蛛的触肢类似一对短腿。最后一次蜕皮时，雄蛛的每个触肢上会形成一个特殊的球，用于受精。

雌性　　　　雄性

但在此之前，它需要先找到一只雌蛛求爱。成熟又愿意交配的雌蛛是很难找的。

恋爱网

不过雌蛛会分泌信息素，这种化学物质会触发同一物种成员的社会或生理反应，从而吸引雄蛛。有些蜘蛛会把信息素留在它们的网或牵引丝上，吸引雄蛛接近它们！

当雄蛛发现留有信息素的网时，它会在其他雄蛛被吸引之前把网吃掉或破坏掉。繁衍是成熟雄蛛活动的主要动力，所以竞争非常激烈！

对于自己网中可以吃的东西，雌蛛不那么挑剔！雄蛛可以等到雌蛛吃饱后再尝试交配，这样它们才不会成为对方的食物！

不要啊，我只想谈恋爱！

这不仅仅是因为饥饿，所有种类的雌蛛都可能吃掉一个潜在的求婚者，只是因为它们不想和对方交配！因此蜘蛛发展出了一些精心设计的求偶仪式。这些仪式也有助于蜘蛛在信息素不够的情况下识别出对方是同一物种的成员！

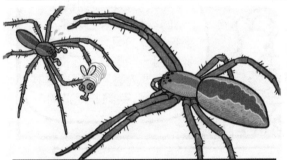

一些雄性盗蛛会抓一只苍蝇，用蛛丝包裹起来，然后把它作为礼物送给雌蛛，这样雌蛛可能就不太想吃雄蛛了。

雄性园蛛可能会在雌性园蛛的网上系一根蛛丝，并有节奏地拨动。声音和振动是许多蜘蛛求偶仪式的两个重要部分！

一些雄性跳蛛通过升降腹部和敲击地面来表演复杂的舞蹈。

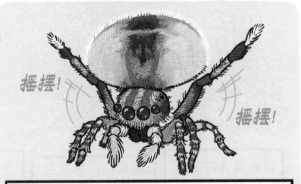

雄性孔雀跳蛛会把腹部竖起来，展开形成一个色彩斑斓的"屏"，不断左右摇摆，同时挥舞着一对步足，以此来追求异性。

雄蛛的主要本能是繁衍，所以它在耗尽能量死亡之前，会尽可能多尝试几次。

但它可能只有一次机会！有些种类的雌蛛，比如苍白园蛛，通常会在交配的过程中吃掉雄蛛！

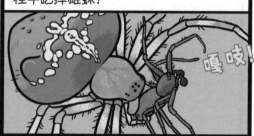

嘎吱！

很好！黑寡妇的名字不就是这么来的吗？我听说它们也总是吃掉雄蛛！

不是的，虽然它们臭名昭著，但是雄性黑寡妇在交配后通常能够安然无恙地离开。

和大多数种类的蜘蛛一样，雄性黑寡妇其实也面临被吃掉的风险。但同为寇蛛属的一些蜘蛛，在交配后的一两周内甚至会和雄蛛共享蛛网，共同捕捉猎物！

交配后，雌蛛需要几周时间才能产卵。大多数蛛卵只有约1毫米大，但不同种类的蜘蛛产卵的数量可能差异很大！

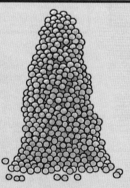

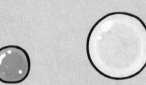

园蛛属蜘蛛在10分钟左右能产下约1000枚卵。产卵时，蜘蛛的心率是平时的三倍！

库皮恩氏蛛属的蜘蛛更厉害，它们可以在8分钟内产下2500枚卵！

大多数蜘蛛会产下大量的卵，也有的蜘蛛一次只产两枚卵。

有的小型蜘蛛甚至一次只产一枚卵。

产下卵之后，蜘蛛会织一个卵囊，保护卵免受恶劣环境的影响或黄蜂、苍蝇等食卵动物的侵害，卵囊也能起到防寒保暖的作用。

家幽灵蛛会用几缕丝把卵绑在一起，然后用螯肢随身携带，直到卵孵化。

但大多数卵囊要复杂得多！许多蜘蛛，如方园蛛，会先做一个紧密编织的薄丝盘。

然后，它会爬到盘的底部，在盘的边缘纺丝，慢慢地形成一个产卵室。这个过程大约需要两小时。

产卵之后，雌蛛会用一层薄薄的丝把卵包住，然后分泌一种黏稠的液体把卵包裹起来，这种液体硬化后会把卵固定在一起。

然后，蜘蛛用网状的、松散的丝一层层覆盖在上面，最后就变成了包围整个卵室的壳。

希望我们永远这么亲密！

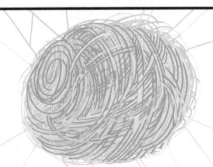

这个外壳可能会变硬，或者缠绕得很紧，从而使蛛丝融合在一起。

把卵包裹在一起的方法有很多种，先来讲讲我这一物种的方法。

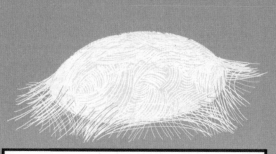

温室拟肥腹蛛
Parasteatoda tepidariorum
我们的卵囊就像一个小小的棕色食品纸袋，不要误把自己的午餐装在里面哟！

宾夕法尼亚漏斗蛛
Agelenopsis pennsylvanica
一个薄的隐形眼镜形状的网将卵固定在叶子或树皮上。这个卵囊绝对不是一个好的隐形眼镜替代品。

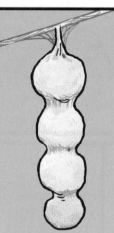

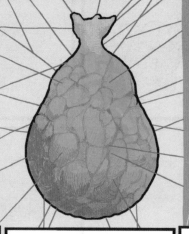

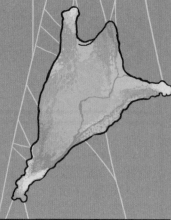

教堂园蛛
Mecynogea lemniscata
多个卵囊被网粘在一起，就像一串装满小蜘蛛的珍珠！

黄园蛛
Argiope aurantia
它们纸一样的坚硬外壳看起来像个梨，但尝起来会是个糟糕的噩梦！

银斑金蛛
Argiope argentata
老实说，它的卵囊扁扁的，看起来像一团干了的鼻屎。

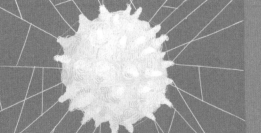

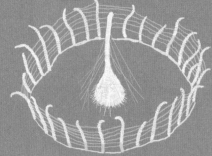

几何寇蛛
Latrodectus geometricus
它的卵囊看起来像一团小的模糊的爆炸物，小蜘蛛出来时更是如此。

"丝阵"蜘蛛
这些在亚马孙河发现的不可思议的卵囊是由一种蜘蛛建造的，蛛形学家至今还不知道它属于哪一类蜘蛛！

褐田野蛛做了一个纸灯笼一样的小型卵囊，里面有蜕皮室，孵化出来的幼蛛可以在里面蜕皮。

蜕皮室

一些跳蛛会在洞穴顶部建造一个由多层蛛丝和卵组成的巢。

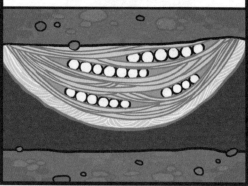

狼蛛的卵囊呈球形或扁球形，十分坚硬。

狼蛛？天哪，我觉得我的旅程到头了。

但因为多数狼蛛四处游猎，通常不结网，所以它们更喜欢把卵囊携带在纺器上，带着到处跑！

在大多数情况下，当蜘蛛准备孵化时，它们会用消化道分泌物溶解卵囊的内层，然后逐渐推开较硬的外层纤维，形成一个开口。

狼蛛会咬破卵囊，帮助它的孩子们从里面出来，小狼蛛自己无法冲破卵囊。

咯咯！
咯咯！

我终于出来了！

哈哈哈！
我自由啦！

咚！

啊！救命！

那只鸟用它那可怕的大眼睛看着我。

宝贝别害怕，我不会让那只卑鄙的鸟伤害你！

嘿，看看吧！那个小子来找妈妈了！

我们都靠妈妈生活。

呜呜！

狼蛛是伟大的母亲。它把自己的后代背在背上，堆成一大堆，大约有一百只！小狼蛛要在妈妈的背上生活约一周，吃它们的卵囊，直到它们长到可以自食其力。

盗蛛会用螯肢衔着它们的卵囊，直到幼蛛快孵出来为止，然后织一张帐篷一样的网，把卵囊挂在里面。幼蛛孵化出来后会在网中待几天。

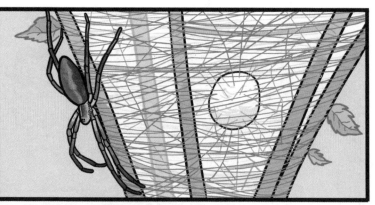

孩子们，这是晚餐！

呕！

大约有20种蜘蛛通过捕捉猎物，反刍已经液化的食物，为它们的孩子提供食物，甚至会将下一批未受精的卵给它们食用！

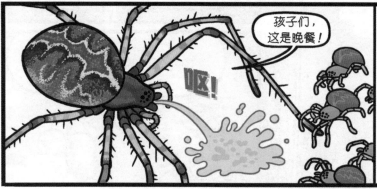

有少数蜘蛛会牺牲自己来喂养它们的孩子！存在这种噬母行为的蜘蛛，比如日本红螯蛛，雌蛛还活着的时候会允许幼蛛吃掉它们，帮助幼蛛快速生长，增加幼蛛成活的机会。

吃了我的肉，你们就可以生存下去了。

对不起，妈妈！

啊呜！ 啊呜！ 啊呜！ 啊呜！ 啊呜！ 啊呜！ 啊呜！

更不可思议的是，有一种雌蟹蛛会将食物中的营养物质转化为血淋巴，也就是蜘蛛的血液，然后幼蛛咬住妈妈的腿吮吸血淋巴，直到妈妈无法动弹，最后被完全吞食。

嘿，你觉得妈妈会为我们这么做吗？

你闭嘴！

蜘蛛也擅长捕鱼！
有几个科的蜘蛛专门在
水面或水里捕猎！

哪里都不安全！

大多数蜘蛛掉进池塘或河里会被淹死，但有些种类的蜘蛛身体表面覆盖着一层疏水毛发，即便它们完全浸在水里，也能保持身体干燥！

水

锁住的空气

有些水蛛利用风在
水面上航行。

有些水蛛用它们的
步足在水面划行。

攻击猎物时，有些水蛛甚至能以正常速度的5倍在水面飞奔！

但水里也很危险，开阔水域里的蜘蛛有可能成为路过的鱼或青蛙的一顿快餐。

哦，开始了！
这里是观看捕鱼蛛
活动的好地方！

直伸肖蛸
Tetragnatha extensa
雌性10—12毫米
雄性7—9毫米
虽然这种蜘蛛未必会利用水捕食，但它们
很喜欢在沼泽或有水的地方结网，它们在
水上前行的速度也比在陆地上快！

盐沼豹蛛
Pardosa purbeckensis
雌性6—7毫米
雄性5—6毫米
大多数狼蛛有一层厚厚的疏水毛发，
这有助于它们在水上活动。

水涯狡蛛
Dolomedes fimbriatus
雌性9—22毫米
雄性9—15毫米
许多水栖蜘蛛的腹部两侧有白色条纹，这有助
于它们与水面的倒影融为一体。它们可能会潜
入水下捕食或躲避捕食者！

略略略!

最后一个进水的是臭蛛卵!

嘿,那个带状的东西是什么?

我的又一项发明!有了它,我就可以在水下呼吸了!

看,我们蜘蛛不是用口呼吸!我们腹部下面的小缝隙连接着叫书肺的器官,这些像书页一样的褶皱可以吸收空气中的氧气。

血淋巴流过书肺时,会吸收氧气,然后将氧气输送到别的器官和组织。

X光片

为什么叫作书肺?

血淋巴

空气和氧气

除了书肺，有的蜘蛛还有遍布全身的气管，拥有气管系统的通常是现生蜘蛛，它们更擅长保持水分，不容易脱水。

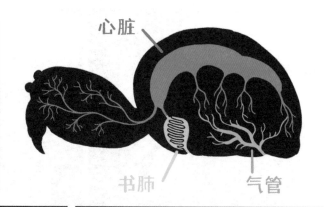

心脏

书肺

气管

书肺可能是从鱼鳃演化而来，因为两者的结构相似！

水

蜘蛛有一个开放式循环系统，心脏将血淋巴泵入蜘蛛的体腔。

我就是个大血袋！

蜘蛛的体腔里有血淋巴流通的管道，当血淋巴流经体内的器官时，可以为它们提供氧气。

太好了，看来它回家了！

这是我的朋友水蛛！

你们好！哇，我很少一次有这么多访客！

59

我想邀请你们进来，但这里有点拥挤！

那是你的家吗？太酷了！

你说这个老房子吗？它看起来不怎么样，但对我来说太完美了！

咕噜！

你在水下待了多长时间了？

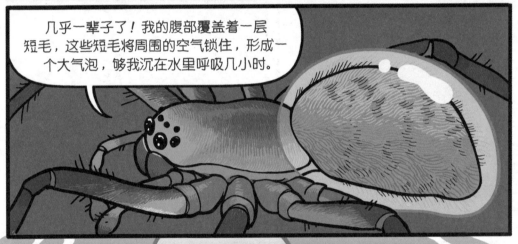

几乎一辈子了！我的腹部覆盖着一层短毛，这些短毛将周围的空气锁住，形成一个大气泡，够我沉在水里呼吸几小时。

在这里生存的关键是我们的"潜水钟"住所。

它是我们交配和产卵的地方。

抓住!

也是我们等待鱼或昆虫经过的地方。

嘿哟！嘿哟！

捕获猎物以后，我们会带回自己的"潜水钟"，这样我们注入的毒液就不会被水稀释。

修建"潜水钟"时我们会先结一张网。增加层数时，我们也喜欢给这个宝贝加点料。

刺！刺！刺！

我们用一种独特的富含蛋白质的水凝胶填充蛛丝之间的空隙。这就形成了"潜水钟"的外层，我们可以将空气储存在里面。

我们通过腹部从水面获取空气，然后爬回水下，把空气储存在网里，形成我们生活的气泡。水凝胶的作用类似于皮肤组织，主要由水组成，具有吸水性。

咕噜！咕噜！

氧气

二氧化碳

正因为这样，气泡可以和外面的水进行气体交换。哺乳动物呼吸时也会进行气体交换，它们的细胞吸收氧气，产生二氧化碳，由肺部吸入氧气，排出二氧化碳。

气泡里的氧气和二氧化碳对气泡壁施加的力不同，所以当蜘蛛吸气或呼气的时候，会平衡气泡内外的压力。当气泡里氧气的含量低于水中溶解氧的含量时，氧气会通过水凝胶进入气泡，蜘蛛呼出的二氧化碳则会从气泡排出。

水

水凝胶

空气

我们呼吸的空气有70%是从周围的水中补充进来的！不过，氮气也会慢慢地从气泡中排出，却得不到补充。所以我们一天会返回水面一次，去获取含氮的空气，否则气泡会破裂。

哦，说到这里，我需要补充一些空气。我猜你是不是在找麦克斯？

你看见麦克斯了吗？什么时候看到的？！

在哪里？！

它都说了什么？！

嘿，冷静点！我没有和它说话，它看起来很好！那是半小时前的事了，它在上面拖叶子。

哦，它正往树林里走！我们最好追上它，那片树林里到处都是捕食者。

好了，你们留意一下麦克斯。它会用叶子干什么呢？找一找任何可能是线索的叶子！

我们怎么辨别叶子上的线索？

滴答！

嗯，你看，如果我们看……嗯……

叶子……

叶子的边缘……我们应该能够……

哦，没用！我的视力很差，我看不出这些破叶子有什么区别！

啊！

等等，真的吗？我以为蜘蛛的视力很好！难道你不需要看清猎物和捕食者吗？

大多数蜘蛛不依靠视觉来判断周围的情况！

那你们那奇怪的眼睛是干什么用的？

眼睛只是我们的感觉器官之一！你们人类太依赖眼睛，忽略了进化其他"看"世界的方式！

大多数蜘蛛有8个单眼，少数蜘蛛有6个、4个或2个单眼。

等等，小温，你为什么只有6个单眼？

嗯？

不，我有8个，这一对只是困了。

呼—

所以，不要在后面做什么荒唐的事！

砰！

大约99%的蜘蛛有8个单眼，在它们头胸部的前端排成2—4行。每组眼睛都有一个名称，有助于分辨不同的蜘蛛。我们把它们分成4组介绍。

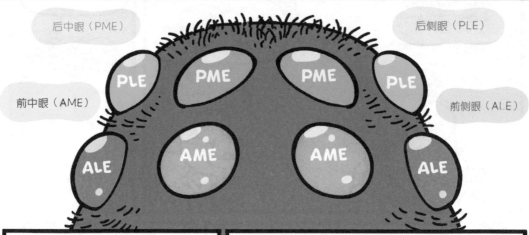

后中眼（PME） 后侧眼（PLE）

前中眼（AME） 前侧眼（ALE）

前中眼是蜘蛛的主要眼睛（其他是副眼）。它们通常是黑色的，因为它们缺少一层叫作反光膜的组织。

不过蜘蛛的其他眼睛里有反光膜。反光膜是眼睛内部的反射面，反光效果很好，可以使这些眼睛看起来闪闪发光。

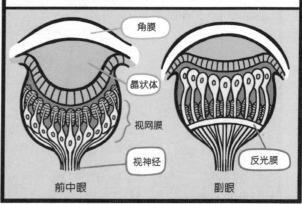

角膜

晶状体

视网膜

视神经 反光膜

前中眼 副眼

眼睛有反射性，所以对光更敏感，狼蛛的后中眼和后侧眼的感光细胞数量是前中眼的15—35倍！

因为同一个科或同一个属的蜘蛛有相似的面孔，所以眼睛的排列有助于蛛形学家识别未知物种！

线纹蚁蟹蛛
Amyciaea lineatipes

法布尔舞蛛
Alopecosa fabrilis

玉兰绿跳蛛
Lyssomanes viridis

红树林跳蛛
Ligurra latidens

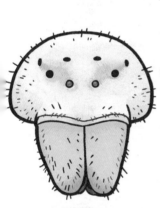

弓足梢蛛
Misumena vatia

陷阱颚蛛
Chilarchaea quellon

红斑寇蛛
Latrodectus mactans

骑手节板蛛
Liphistius desultor

柯氏石蛛
Dysdera crocata

棕隐平甲蛛
Loxosceles reclusa

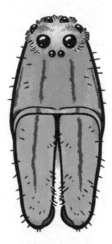

马达加斯加松猫蛛
Peucetia madagascariensis

钴蓝塞勒蛛
Cyriopagopus lividus

大多数有筛器的开普蛛科蜘蛛长着2个单眼，但也有少数成员长着4个、6个或8个单眼。

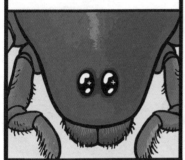

还有少数蜘蛛根本没有眼睛！一种生活在洞穴深处的无眼巨蟹蛛根本不需要眼睛，因为它们生活的地方没有光线，它们完全依靠其他感觉器官来捕猎和生存。

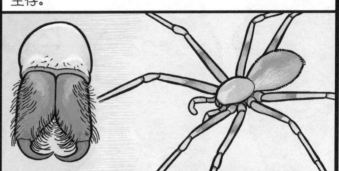

别忘了跳蛛！这些大眼蜘蛛是蜘蛛目迄今为止最大的一科，占世界蜘蛛总数的13%！

它们是我最喜爱的蜘蛛！小温，我无意冒犯。

我不介意！

它们那艳丽的颜色、毛茸茸的小触肢、大大的眼睛……

它们是最可爱的蜘……

嘟嘀嘟……

啊！

呀！

啊！对不起，我不是故意要吓唬你！

斑马跳蛛
Salticus scenicus
雌性5—9毫米 雄性5—6毫米

它们的斑纹也很可爱！

嘻哟！嘻哟！

快看它的眼睛！小温，把收缩射线枪给我，我要把它变小，把这个毛茸茸的小可爱带回家！

嗯哼，对不起，女士，我的眼睛是高度进化的器官！

跳蛛的前中眼有高度进化的视网膜，视网膜上有多层叫作光感受器的细胞，前中眼被这些感光细胞层拉长。

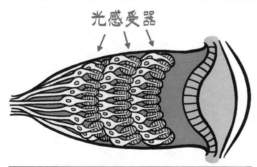

光感受器

这些细胞对光线做出反应，并向我们的大脑发送视觉信号，由大脑判断我们看到了什么！

嗡……

我们用其他几组眼睛发现猎物，这些眼睛更善于察觉猎物的移动，然后在跳跃前用前中眼聚焦，迅速瞄准猎物。

69

跟其他蜘蛛相比，我们的视力非常好，有些蜘蛛只能看到眼前的猎物，我们却能分辨远处的猎物！

真是太可爱了！

不要再这样！

有的蜘蛛没有可爱的大眼睛，但是它们的其他感官很强大！

蜘蛛身上一些较长的毛包含敏感的神经，能够感知触碰和振动。

叮！

嘿，别再碰我了！

它们的腿上和身上覆盖着成千上万根这样的毛，只要碰到一根就足以触发战斗或引发逃跑！

我们的腿上也有专门的毛，叫作听毛，它们可以感知空气中最细微的振动，捕捉昆虫扇动翅膀引起的空气流动。

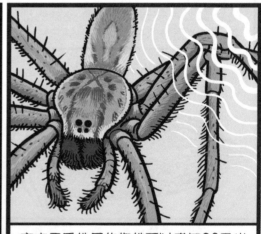

库皮恩氏蛛属的蜘蛛可以感知30厘米外苍蝇翅膀的振动。

蜘蛛的身上和腿上还有小缝隙，可以感知外骨骼的弯曲和压力。

这至关重要，因为蜘蛛的外表皮是一个硬壳，变形到一定程度会断裂！

这些小缝隙也能感知振动。拟态蛛通过它们来定位附近水中挣扎的猎物！

蜘蛛也会用它们的步足和触肢来"品尝"食物。它们可以区分腐烂的虫子和刚死的虫子，识别它们应该避开的有害化学物质或毒药。

这是谁剩下的？

嘿，别闲着！跳到高处，帮忙在附近找一只小蜘蛛！

可以，不过你得答应离我远点。

跳蛛跳跃时，速度可以达到每小时3千米，高度可以达到16厘米，对于人类来说，相当于跳到大约9层楼的高度。

跳到你们前面了。

嘿！

喂——

嘿，妈妈！

麦克斯，快到这儿来！

我们在河流下游见……

这孩子怎么这么鲁莽？

不过看起来真的很有趣……

只用帆就能顺利地航行！

它一定是用黏性丝盘连接船尾——等等！

河流前面有个弯！它开得太快了！

来吧，我需要你站得高高的，看看最近的巨蟹蛛在哪里！

我自己可以跳，不用你……

嘎——

我们走哪条路？

西南方向！让我先安静地吮吸这只虫子的内脏！我很幸运没有被摔死！

那不是运气，是物理原理！当物体下落时，小物体比大物体会更快地达到最大速度。因此，一只蜘蛛从摩天大楼顶部坠落时，落地速度与它离开楼顶时的速度大致相同，不会被摔伤，但如果是一头鲸从楼顶坠落，它的速度会成倍增加，直到撞到地面。

快来！巨蟹蛛在这边！

听起来是巨蟹蛛的声音吗？

肯定是。它们害怕人类，喜欢单打独斗，总是独自追捕或伏击猎物。

我们这么小，它不用害怕。

它们跑得很快，我们需要它们。

集团大厦

嗯……它是世界上腿展最宽的！不是体形最大的……

不要紧！我是这片区域里最大的、最快的。所有人都闭嘴！

事实上，我们来这里的真正原因是，我们从附近的其他虫子那里听说，你不是这片区域里最快的蜘蛛……兄弟！

什么?！谁告诉你的？是凯文吗？那条小虫子要受到惩罚了！

等等！我有个主意。为什么不让我们看看你跑得有多快呢？

是个好主意！

不如我们都骑在你的背上，增加挑战难度，让凯文见识见识！

那真是太棒了！

抓牢了，准备出发！

啊！

蜘蛛的移动方式看起来很复杂，但实际上就是简单地一次移动4条腿！

它们行走时，身体一侧的第一条腿和第三条腿与另一侧的第二条腿和第四条腿会同时抬起。

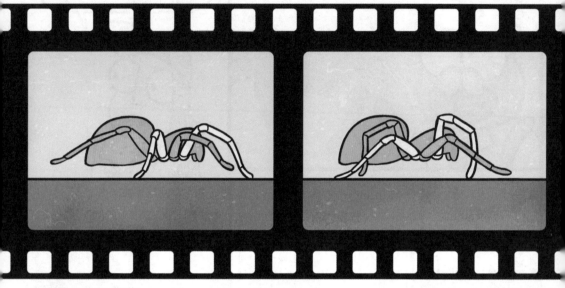

大多数动物手臂和腿部的运动由屈肌和伸肌两种肌肉控制，屈肌收缩，伸肌舒展。

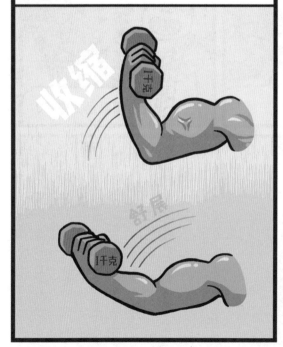

但是蜘蛛的腿上没有伸肌！它们只有屈肌把腿往里拉！为了伸展腿部，它们用背部肌肉迅速将血淋巴泵入腿部，通过升高血压把腿向外伸出。

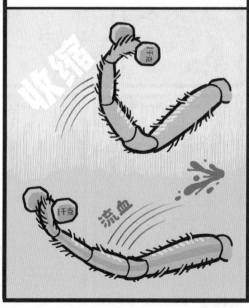

一侧的第一条腿和第三条腿抬起，第二条腿和第四条腿撑地，另一侧相反。

当蜘蛛想要转弯时，它会加大左侧或右侧的步伐，这样才能转向相反的一侧。

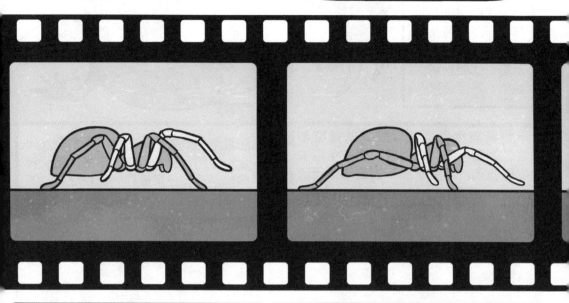

这就是蜘蛛死后蜷缩成一团的原因：当它们的心跳减慢时，会慢慢失去血压，无法再把腿伸出来。脱水的蜘蛛也可能有同样的遭遇！

唉！我完了！

蜘蛛的腿上也有不可思议的防御机制！当受到威胁或被困时，它们可以自动断掉一条腿逃跑！

再见，笨蛋！

蜘蛛在受到威胁时将身体的一部分自动脱落的现象，叫作自切。还有一些动物也有这种防御机制，比如蜥蜴、螃蟹，甚至老鼠！

不需要捕食者拉扯，肢体就会自动脱落。而且，腿什么时候脱落完全取决于蜘蛛自己。麻醉状态下的蜘蛛是无法完成这一过程的。

腿脱落时，关节周围的肌肉会自然闭合，以防止致命的血压下降。但只要蜘蛛还没有经历最后一次蜕皮，就不需要担心！

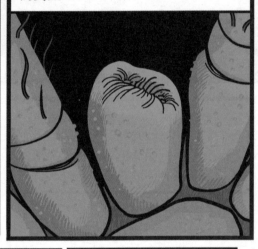

因为蜘蛛的肢体可以再生！

如果在两次蜕皮间隔的前半段失去了一条腿，它们就有时间慢慢长出来！

这条腿蜷缩着从旧腿的残肢里向外长，因此它可能会比其他腿更细或更小。

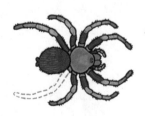

蜕皮前

蜕皮后

最后一次蜕皮后

这是速度最快的蜘蛛吗？

不，速度最快的是巨房蛛，它们的速度接近每小时1.9千米！

呜呜呜呜……

有些蜘蛛的运动方式特别有趣。

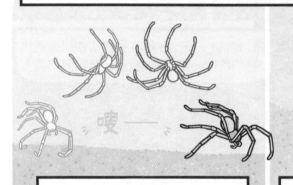

嗖——

摩洛哥后翻蜘蛛为了躲避捕食者，通过空翻的方式逃跑。

哇！

轮蜘蛛会把腿蜷缩起来形成一个"轮子"，侧着身从沙丘上滚下来。

嘿，我们到时候怎么停下来？

牵引丝相当于锚具，蜘蛛只需要夹紧纺器就可以快速停下来。

麦克斯的船！

嘿，可以停下来了！你已经证明了你是这里最快的蜘蛛！

接招吧，凯文！

刺·溜！

啊啊啊啊啊啊！

咚！

啪！

啪！

啊，是的！好吧，在森林里的动物醒来寻找它们的第一餐之前，我们赶紧离开这里！

我终于掌握了在蛛丝上行走的窍门！

我也是！这东西太棒了！

麦克斯说的是不是就是那棵树？

八成就是那棵……

如果你们觉得黏丝很酷，那就看看下一只蜘蛛吧！

有些蜘蛛在白天活动，它们捕猎、结网都在白天进行。但是，有些蜘蛛是在夜晚活动，接下来要讲的这种蜘蛛就是一个夜间猎手，它会产一种特殊的蛛丝，可以快速制伏猎物。

胸纹花皮蛛
Scytodes thoracica
雌性4—6毫米
雄性3—4毫米
这些远程猎手会从它们的螯肢开口释放一种特殊的蛛丝，这种丝来自它们的毒腺，是丝蛋白和毒液的强效混合物。

它吐出"之"字形的有毒黏丝，瞬间就能把猎物覆盖住。

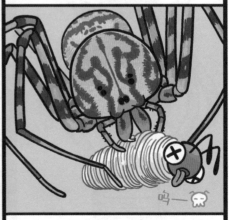

它用黏丝将猎物固定住，然后靠近猎物，用普通的丝将猎物包裹起来，最后给猎物致命的一口。

它们也是食腐动物。如果遇到死昆虫或其他死的动物，它们会很乐意享用。

蜘蛛的视力不好，那你们晚上怎么办？

我们的视力很差，但我们的眼睛对光很敏感！

蜘蛛的睡眠和饮食周期主要取决于一天中自然光线的变化。

啊，又是吃虫子的好日子！

还记得我讲过有些蜘蛛的眼里有反光膜吗？它在视网膜的后面，可以将光线再次反射到视网膜上，增强蜘蛛夜间对光的感应，工作原理类似于夜视镜。

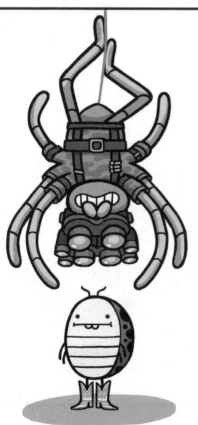

这样在晚上很容易就能发现一些种类的蜘蛛，比如狼蛛。夜里，你把手电筒举得和眼睛一样高，照向一个地方，你会看到一对或几对闪着绿光的小眼睛。

那可能就是狼蛛！把手电筒放在和眼睛持平的位置，光线正好反射到你的脸上，否则很容易看错。

妖面蛛的夜视能力是猫或猫头鹰的两倍！

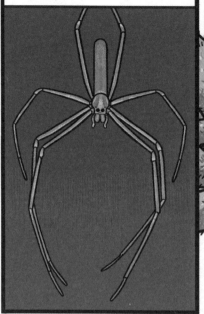

妖面蛛有8个单眼，它们的后中眼非常大，朝向前方，这让它们看起来特别危险。它们的眼里没有反光膜，但每天晚上都会形成一种超级感光膜，这种膜早上就会分解。

这些有筛器的蜘蛛垂直悬挂着的时候，直着伸出前面的两对步足，撑起一张小网。它们用敏锐的眼睛侦察猎物，在猎物经过的时候把网撒在猎物身上。

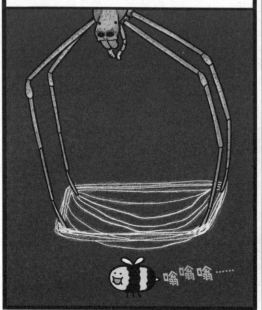

它们垂直悬挂着的时候会静止不动，将自己伪装成树枝。

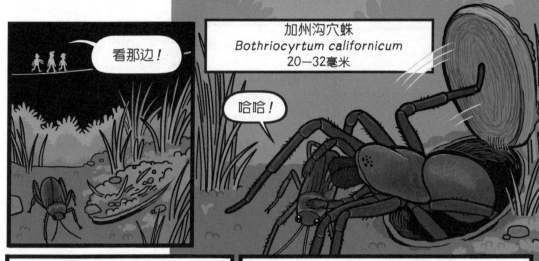

看那边！

哈哈！

加州沟穴蛛
Bothriocyrtum californicum
20—32毫米

陷阱门蜘蛛生活在铺满蛛丝的地下洞穴里。洞挖好后，它们会制作一个蛛丝圆盘，上面覆盖着泥土和干枝。

厚厚的丝制"合页"将圆盘和洞口连接在一起，形成一个活盖。它们在洞里用螯肢抓住活盖，将洞口盖上。

有些蜘蛛从地下洞穴里牵出一根根蛛丝，用来感知路过的猎物产生的振动。

有些蜘蛛会跳出来追捕路过的猎物。

有些蜘蛛几乎不离开洞穴，只捕捉容易到手的猎物。

哈哈！

活盖也有助于它们
躲避其他捕食者。
虽然许多种类的蜘
蛛生活在洞穴里，
但对盘腹蛛科蜘蛛
来说，活盖是一种
独特的优势。

一些盘腹蛛科的
蜘蛛自带活盖。
它们的腹部很独
特，末端是一个
复杂的"图章"，
便于它们在土壤
中伪装。

梆梆！

梆梆！

梆梆！

受到威胁时，它们
会头朝下缩回自
己的洞穴，并用腹
部充当塞子，防止
捕食者伤害它们
的柔软部位！

住在地洞里不会
感到孤独吗？蜘蛛是
如此离群索居！

也有少数群体是社会性蜘蛛，
它们会花很多时间待在一起！

社会性蜘蛛指的是那些共同捕猎或共同养育后代的蜘蛛。有的种类既一起捕猎又一起养育后代。

隆头蛛科①

巨蟹蛛科②

猫蛛科③

与单独捕食的蜘蛛相比，集体捕猎是社会性蜘蛛巨大的优势之一，多个蜘蛛可以捕获更大的猎物。阿内蛛属的一种蜘蛛结在一起的网捕到的虫子，整个群体都可以享用，这样抓不到猎物的蜘蛛也可以存活下来。

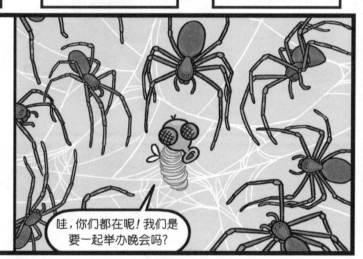

哇，你们都在呢！我们是要一起举办晚会吗？

它们的群居生活也扩大了伴侣的选择范围，还可以帮助养育后代，以及更好地抵御捕食者。

阿内蛛属的这种蜘蛛织造了世界上最大的蛛网！群居蛛网的长度可达7.62米，生活在上面的蜘蛛可能超过50 000只。当不同蛛群结合在一起时，形成的巨大的网可以覆盖整棵树，甚至整片森林。

①②③译者注：目前发现的社会性蜘蛛分散在几个科的部分种类中。

天哪，都是我的错……

什么意思？

好吧，这一定是那棵树。

我知道麦克斯为什么来找这棵树了……

这是一个蚁群！我一直在研究一些掌握了伪装艺术，会模仿蚂蚁的蜘蛛。麦克斯一定是来做研究的！

如果我们想进入蚁群，最好伪装一下！它们不喜欢外来者！

伪装？

没错！我们自己伪装。

蚂蚁作为一种食物来源大约有6000万年了，许多种蜘蛛在这段时间里不断进化，通过模仿蚂蚁的形态、行为，甚至获取蚂蚁分泌的化学物质，来欺骗或捕食它们。

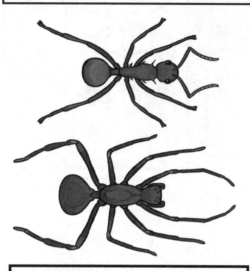

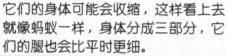

它们的身体可能会收缩，这样看上去就像蚂蚁一样，身体分成三部分，它们的腿也会比平时更细。

有些蜘蛛头上有大的斑点，看起来像蚂蚁的眼睛，而它们大大的鳌肢则模仿蚂蚁在上颚里叼着什么东西！

对不起，但这很有必要！蚂蚁无论走到哪里都会留下信息素的痕迹，便于其他蚂蚁跟随，所以你需要喷一下这些东西。

咳咳！

哟！

哟！

加入蚂蚁队伍以后，尽量表现得像蚂蚁一样，不要流汗！否则会把身上的信息素冲掉！

呃……我尽量。

为了融入其中，蜘蛛也必须像蚂蚁一样走路。它们可以用后面三对步足行走，举起第一对步足模仿蚂蚁的触角！

爬行时还要像蚂蚁一样扭动腹部，这样可以更好地隐藏在队伍中，不容易被发现。

扭一扭！

拟态也有助于蜘蛛生存！对于捕食者来说，蜘蛛美味多汁，蚂蚁的口感要差很多。攻击蚂蚁时，捕食者可能要对付整个蚁群，蜘蛛隐藏其中或许可以躲过一劫，避免成为捕食者的大餐！

模仿黄猄蚁的蜘蛛有长长的螯肢，好似蚂蚁的头。蜘蛛还可以模仿蚂蚁的动作，以便混入其中或引诱它们离开群体！

蚂蚁模仿者绕着长长的蜿蜒的路径行走很常见，就像蚂蚁沿着信息素痕迹行走一样！

看，这是麦克斯的帽子！它一定走的这条路！

太神奇了！你在这里度过一生？

孩子，现在请你出去，你揭穿了我的身份。

麦克斯！

嘿，妈妈！你猜我发现了什么，太难以置信了！

小心！它们是骗子！

嘿！蜘蛛之间应该互相帮助！

嗖

不，我们会互相残杀！

很幸运，我们有一些蚂蚁没有的东西！

呃……多了一对步足？

好一百万倍！

多了一百万对步足？

天哪！蜘蛛……

咯吱！

1901年，一位名叫尼古拉·特斯拉的科学家开始在美国纽约长岛建造一个巨大的装置——沃登克里弗塔，那是一个实验性的无线信息传输站。

特斯拉很快推断出它也可以无线传输电力。他知道太阳的上层大气在不断释放太阳风——由质子、电子等组成的带电粒子流。

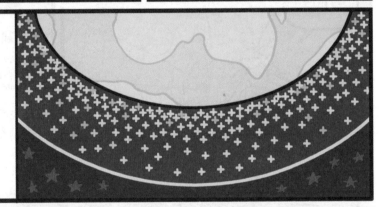

这股粒子流不断地掠过地球，因此许多粒子在大气层中积聚。地球的负电荷吸引大气中的正电荷，导致离地球表面越近，粒子的密度越高，电荷也更高。

特斯拉认为，他可以将整个地球变成一个导体，将电力无线传输到世界各地的家庭和工厂。不过他没能检验自己的想法，投资者们在塔完工之前都退出了。

可以给我投资200万美元吗？这样我就可以向人们免费供电了。

嗯……不行。

大富翁发电厂

尼古拉免费供电塔

大富翁

但特斯拉不知道的是，蜘蛛在数百万年前就已经利用同样的电场征服了地球。

在无风的室内进行的一项研究表明，只要有微弱的电场，蜘蛛就能飞航。它们的听毛具有电感受性，能够感受到电场的变化。

啊！

蛛网之所以容易捕获昆虫，部分原因是蛛丝通常带有负电荷，当带有正电荷的昆虫靠近蛛网时，静电会把昆虫"吸"到蛛网上。

真糟糕！

别这么消极！

在飞航之前，蜘蛛会尽可能爬到最高处，用爪站立，将腹部抬起，减少与最高处的接触面积。

当它在空气中用听毛探测到足够强的正电荷时，它会释放几缕带负电荷的蛛丝。

咚咚——

呼——

如果空气中的电荷足够强，蜘蛛就会像风筝一样被拉离地面，随之飞走！

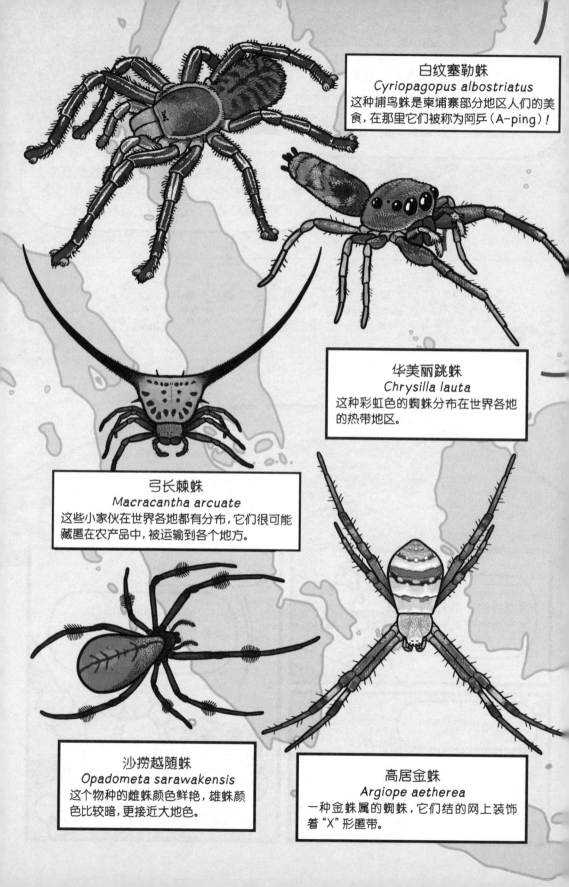

白纹塞勒蛛
Cyriopagopus albostriatus
这种捕鸟蛛是柬埔寨部分地区人们的美食,在那里它们被称为阿乒(A-ping)!

华美丽跳蛛
Chrysilla lauta
这种彩虹色的蜘蛛分布在世界各地的热带地区。

弓长棘蛛
Macracantha arcuate
这些小家伙在世界各地都有分布,它们很可能藏匿在农产品中,被运输到各个地方。

沙捞越随蛛
Opadometa sarawakensis
这个物种的雌蛛颜色鲜艳,雄蛛颜色比较暗,更接近大地色。

高居金蛛
Argiope aetherea
一种金蛛属的蜘蛛,它们结的网上装饰着"X"形匿带。

看来我们来到了东南亚，这里分布着很多小岛。小岛通常与世隔绝，对于一个特定的物种来说，它们的天敌是有限的，这样就有更多的机会进化。

祭司棘腹蛛
Gasteracantha sacerdotalis
祭司棘腹蛛遍布全球，它们有各种各样的斑纹和鲜艳的颜色！

黄尾园蛛
Arachnura melanura
这种蜘蛛利用自己独特的身体形状隐藏在枯叶和树枝之间！

八斑板蟹蛛
Platythomisus octomaculatus
这种蜘蛛借助身上黑色和黄色的保护色，在花朵上捕食蜜蜂。

三色曲腹蛛
Cyrtarachne tricolor
这种小型结网型蜘蛛在附近的其他岛上也可以找到！

东南亚地区示意图

是我的错觉吗？还是我们真的在下降？

哦！

抱歉，孩子们！

砰！

现在我们在哪里……我们一定越过了赤道，这里的温度高多了！

温度计

你没开玩笑吧……

这里是白天！我们来到了不同的时区！

看，那些考拉和袋鼠正在冲浪！我们在澳大利亚！

呜呼——

的确如此！看来我们离悉尼很近，那里是了解蜘蛛毒液的好地方！

好戏终于来了！

终于？！

悉尼漏斗蛛就生活在这里！有人认为它们是世界上最危险的蜘蛛，然而，这是否属实还很难说。

但是被咬后不及时治疗的话会造成严重的损伤甚至死亡！

这才刚刚开始呢！

来抓我啊，丑八怪！

麦克斯！

如果有一件事我不能容忍的话，那就是这件——无礼地评价我的外貌！看我怎么收拾你！

麦克斯！虽然我们之中有一个会被咬，但你应该清楚，这是一个收集数据的绝好机会！

什么？！我可不想被咬！

好吧，你要错过了！蜘蛛的毒液是由氨基酸和酶等物质组成的，它们在毒液中或在毒液和体液之间会产生特定的反应。

细胞毒素攻击身体组织。它们可以使昆虫的内脏液化，大型动物被叮咬后，伤口周围会起水疱，甚至造成组织坏死。这是被棕隐平甲蛛咬伤后的典型症状。

神经毒素会造成中枢神经系统的损伤。如果一个人被注入一剂悉尼漏斗蛛的毒液，会造成神经递质过度分泌，导致瘫痪或死亡。

被悉尼漏斗蛛咬伤后的症状：

出汗

肌肉痉挛

流眼泪

舌头抽搐

流口水

嘿，现在应该是告诉我们如何处理咬伤的好时机。

哦，对了！首先，要避免惹怒蜘蛛！

不是每种蜘蛛的毒液都会让人生病，不过遇到蜘蛛还是要小心，尤其在不知道它是什么种类的时候。

被咬伤后第一件事是告诉大人！对于大多数咬伤，用肥皂和水清洗伤口，再使用抗生素药膏就足够了。冰敷可以帮助减轻肿胀和疼痛。

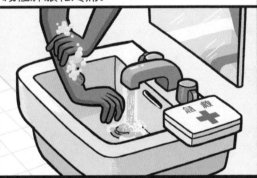

如果咬伤引起极度或持久的疼痛、肌肉痉挛、发烧、恶心或呼吸困难，或者你认为咬伤你的是一种危险的蜘蛛，应该立即就医！

针对地球上每一种危险的蜘蛛，人类几乎都研制出了抗毒血清！人们将毒素少量多次地注射到绵羊或山羊等动物的体内，它们的免疫系统就会产生抗体。

先等一下……

这些抗体是抗毒血清的主要成分。它们和人体内的毒液成分结合，使毒素失去作用。

抗体

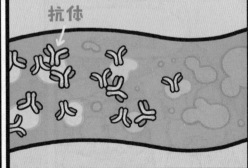

这非常有效，自从悉尼漏斗蛛的抗毒血清被研制出来以后，就没有出现过致命的咬伤了！

现在这种情况，我们还是快跑吧！

下一步去哪里，妈妈？

没错！你们最好快跑！

我们在坦桑尼亚停留一下吧，这样你们可以见见我的一个朋友！

我们会遇到其他想吃掉我们的家伙吗？

别担心，捕鸟蛛都超级冷漠。

真的吗？我以为捕鸟蛛很危险！

它们大多数只想独自待着！它们是非常害羞、内向的动物！

嘿，小布，你在家吗？

小温，是你吗？天哪！有访客。我的洞里乱七八糟的！

孩子们，这是我的朋友，巴布！

哦，天哪！嗨！

我正准备告诉他们，捕鸟蛛的**毒液**对人类来说并不是特别危险！

是的！首先要知道我们为什么想咬你们。被我们咬上一口确实有点疼，不过那是因为我们的螯牙比较大。

旧大陆捕鸟蛛有时候比较好斗，更准确地说应该是防御性强。它们通常只在感受到威胁的时候才咬人，面对比自己大得多的家伙，它们往往会选择逃跑。

印度华丽雨林蛛
Poecilotheria regalis
7—10厘米

逃不掉的时候，新大陆捕鸟蛛有一种特殊的防御机制！它们的腹部覆盖着一层特殊的毛，受到威胁时，它们可能会向捕食者踢毛。

哥斯达黎加老虎尾
Davus fasciatus

这些毛叫作螫(shi)毛，可以进入攻击者的皮肤或眼睛里，引起剧烈疼痛。不同种类的捕鸟蛛，螫毛的刺激性不同。

小心！

智利火玫瑰蛛的螫毛对人类只有轻微的刺激。

而巴西白膝头蛛的螫毛会引起剧烈疼痛。

油彩粉红趾
Caribena versicolor

捕鸟蛛可能也会用螫毛标记领域，有些树栖蜘蛛会把螫毛织进卵囊，保护它们免受捕食者的侵袭。

体形大且毛茸茸的蜘蛛就是捕鸟蛛吗？

最初被认为是捕鸟蛛的其实是塔兰图拉毒蛛，因意大利的小镇塔兰图拉而得名。后来渐渐成为大型蜘蛛的称呼。

今天，它特指捕鸟蛛科的蜘蛛。世界上大约有1000种捕鸟蛛，它们深受宠物爱好者的喜爱！

相比体形较小的蜘蛛，捕鸟蛛更适合做宠物有几个原因。它们更害羞，更温顺，毒液毒性不强，被它们意外咬伤也不是什么大问题。它们属于原蛛下目，寿命比较长。

墨西哥红膝鸟蛛
Brachypelma hamorii

说到大蜘蛛，你们见过亚马孙巨人食鸟蛛吗？

我们可以见吗，妈妈？我只在书上看到过！求您了，求您了，求您了……

嗯，我们可以试试，好像是在回去的路上……

谢谢你，巴布，很抱歉我们要走了，还有很多东西没学呢！

玩得开心！

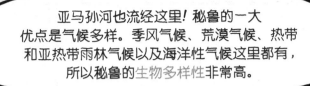

亚马孙河也流经这里！秘鲁的一大优点是气候多样。季风气候、荒漠气候、热带和亚热带雨林气候以及海洋性气候这里都有，所以秘鲁的生物多样性非常高。

滚圆园蛛
Xylethrus scrupeus
雌性7.7—9.6毫米
雄性4.5—4.8毫米
受到威胁时，它们会将自己卷成一个小球！

墨西哥长纺蛛
Neotama mexicana
雌性6.5—11.8毫米
雄性6.1—8.2毫米
这种蜘蛛腹部的两条"尾巴"实际上是细长的纺器！

巴西漫游蜘蛛
Phoneutria nigriventer
雌性17—48毫米
雄性18.5—31毫米
这种蜘蛛的毒液毒性非常强，请远离它们！

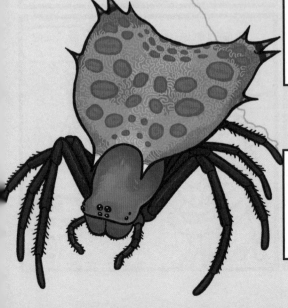

心形棘园蛛
Micrathena clypeata
雌性8.6—10.3毫米
雄性3.7—4.2毫米
这种瘦削的心形蜘蛛腹部周围有很多刺，就像蜘蛛对爱情的隐喻。

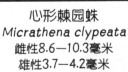

秘鲁示意图

我们现在离家很近，也许可以走回去，但可能需要很长时间！

既然我们到了这里，就去见见最后一种蜘蛛吧，它是世界上最大的蜘蛛！

哐当！

哐当！

等等，你好像说过世界上最大的蜘蛛是巨型巨蟹蛛！

巨型巨蟹蛛的腿展最宽，但这种蜘蛛整体上最大。

是的，它们很大！

小心点，这片沼泽地是它们最喜欢捕猎的地方之一！

这种蜘蛛有常用名吗？

当然！

亚马孙巨人食鸟蛛！

啊……我们不知道你就在我们后面！不打扰你吃东西了，再见！

等等！不用走，我不会吃你们这些小不点！

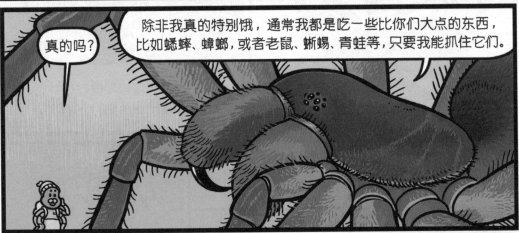

真的吗？

除非我真的特别饿，通常我都是吃一些比你们大点的东西，比如蟋蟀、蟑螂，或者老鼠、蜥蜴、青蛙等，只要我能抓住它们。

太棒了！对我的研究来说，这些资料比我预想的还有用。

你叫食鸟蛛，但你不吃鸟？

偶尔会吃！有时我们比较幸运，能抓到小鸟。但是鸟会飞，我们捕鸟蛛，尤其是体形大的捕鸟蛛，太大了没办法飞航。

亚马孙巨人食鸟蛛体形很大，不过它们**毒液**的**毒性**对人类来说并不强，跟胡蜂的**毒性**差不多，被咬后虽然很疼，但实际上人类对它们来说更危险。

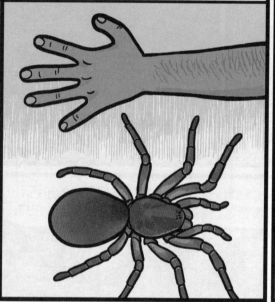

在过去的50年里，为了发展畜牧业和皮革行业，亚马孙地区20%以上的森林被砍伐。

那里的森林还在被加速砍伐并烧毁，占全球森林年砍伐量的14%。

森林砍伐、环境污染导致全球气温升高，也就是全球变暖，使世界各地蜘蛛的自然栖息地遭到破坏。

全球变暖

燃烧煤或柴油产生的二氧化碳，燃烧农场牛粪产生的甲烷，等等，这些温室气体在大气层中积聚，本该进入太空的大量地面辐射被这些温室气体吸收，导致了全球气温升高。

一种动物的巨大变化意味着它周围所有的动物都会随之产生变化。地球上每个生态系统中的动植物之间都保持着微妙的平衡。

一种蜘蛛消失会产生一系列连锁反应，这种连锁反应会超越该生态系统的边界！以这种蜘蛛为食的捕食者没有了足够的食物，这种蜘蛛的猎物因为没有捕食者的制约而数量激增。这种变化会影响更多的植物和动物种群，影响范围不断扩大。

蜘蛛每年总共吃掉约8.8亿吨昆虫，相当于每天吃掉12 000头蓝鲸！

有些昆虫会破坏庄稼、毁坏花园、损坏房屋，等等。没有了蜘蛛，人们会被飞来飞去的虫子淹没！

继续吃啊！

蜘蛛吃的许多昆虫也是细菌或疾病的携带者，蜘蛛实际上在间接地阻止疾病的传播！

哦，自助餐！

按蚊可能携带疟原虫，会引起致命的传染病——疟疾。

蜱可以通过叮咬传播一种名为莱姆病的严重感染。

苍蝇会给人类带来各种各样的疾病，如痢疾、霍乱和肺结核。

你确实知道很多！你不去给蜘蛛们上课，来这片沼泽地干什么？

我们往家飞的时候不小心坠落，我的纺器很疼，没办法继续前行，我们被困在这里了。

回家？也许我可以载你们一程！离这儿近吗？

嗯……
非常近！

好啊，那就上来吧！

你们回家要走那条路？

向北走，直到墨西哥，然后继续走一段时间。

什么？去北美洲？你不是说很近吗？

开玩笑的！

哈哈哈哈！

咝！咝！咝！

不要拿这件事开玩笑！

哇！再次成为顶级捕食者的感觉真好！

不敢相信我们现在就要说再见了，感觉就像昨天才认识一样！

就是昨天！随时来看我们，我们就在楼下！

再见！你想什么时候来我房间就什么时候来，里面有各种各样的死虫子！

听起来……很不错。

天哪，我们真的走了一整天。希望妈妈没有生气……

你们干什么去了？早晨六点才回家？！你们两个真让人操心！

完

一 词 汇 表 —

氨基酸
组成蛋白质的基本结构单位,通常被称为自然界中生命的基石。

螯肢
蜘蛛身体前部的一对附肢,里面有螯牙。绝大多数蜘蛛螯肢内有毒腺。

触肢
蜘蛛的第二对附肢,在螯肢的两侧,类似于缩短的腿。雄性的触肢末端有生殖球,这是一种从视觉上区分雄性和雌性的简单方法。

毒素
由活的有机体或活细胞产生的有毒的、通常不稳定的物质。

反光膜
有些动物眼睛中的一种反射面,有助于吸收可用光,提高动物在黑暗环境中的视力。

纺器
蜘蛛和一些昆虫幼虫身上产丝的器官。

节肢动物
节肢动物门动物的统称,动物界种类最多、数量最大,分布最广的一个类群。包括所有昆虫、蛛形纲动物和甲壳动物等。

抗毒血清
一种用于中和血液中毒素的生物制品。

两性异形
同一物种或种群的不同性别个体在外部形态上有明显差异的现象。

领域
动物占有和保卫的一定区域,其中含有占有者所需要的各种资源,是动物竞争资源的方式之一。

匿带
某些蜘蛛圆网上较宽的蛛丝结构,可能会反射紫外线并为蜘蛛提供伪装。

趋光性
生物在光源刺激下产生定向运动的行为习性。

筛器
某些蜘蛛位于纺器前端中央的一个筛状板结构,是纺丝器官,上面有许多纺孔。

生物多样性
指的是地球上各种各样的生命形式,有时指一定地区的各种生物以及由这些生物所构成的生命综合体的丰富程度。

螯毛
与皮下毒腺相连的毛,能分泌毒液。

水凝胶
由通常悬浮在水中的聚合物组成的一种凝胶,具有很强的吸水性,被用来制造隐形眼镜和伤口敷料等。

听毛
分布在步足和触肢上的细长毛,有听觉、网上定位、探测气流和保持肌肉紧张的功能。

头胸部
多数甲壳动物或部分螯肢动物头部与胸部愈合在一起的部分。

外骨骼
主要由几丁质组成的骨化的身体外壳,有肌肉生长在内壁。

新蛛下目
包括了大多数种类的蜘蛛,通常体形较小,螯肢可以左右活动。

信息素
由生物释放的,能引起同一物种的其他成员产生特定行为或生理反应的信息化学物质。

血淋巴
昆虫的血液。血淋巴里没有含铁的血红蛋白,而是有含铜的血蓝蛋白,所以呈现浅蓝色。

蚁客
居住在蚁巢里的客虫。有些蜘蛛生活在蚁穴中,以蚂蚁的幼虫或蛹为食。

原蛛下目
这类蜘蛛通常体形较大，螯肢可以上下活动。

栉器
有筛器的蜘蛛第四对步足上有一排特殊的刷毛，用来梳理筛器
产出的特殊的丝。

中纺亚目
蜘蛛中最原始的类群，螯肢可以上下活动，腹部背面有分节的背板，纺器在
腹部的中部。

蛛形纲
节肢动物门螯肢动物亚门最大的一纲，包括蜘蛛、蜱、螨和蝎等。

自切
动物受惊扰、袭击或受伤时，将自身的一部分折断舍弃的现象。